煤矿掘进岗位技术指南

齐俊铭　刘万仓　主编

北　京
冶　金　工　业　出　版　社
2023

内 容 提 要

本书共3章，主要内容包括掘进施工工艺、掘进工种操作流程、掘进工种必知必会。全书图文并茂、通俗易懂，对于明确掘进现场工作流程、规范人员操作行为、提升安全管控水平具有较强的指导性作用。

本书可作为煤矿新工人岗前培训的教材，也可供煤矿安全生产管理人员参考。

图书在版编目(CIP)数据

煤矿掘进岗位技术指南/齐俊铭，刘万仓主编.—北京：冶金工业出版社，2023.12

ISBN 978-7-5024-9397-4

Ⅰ.①煤…　Ⅱ.①齐…　②刘…　Ⅲ.①煤矿开采—巷道掘进—岗位培训—指南　Ⅳ.①TD263.2-62

中国国家版本馆CIP数据核字（2023）第234765号

煤矿掘进岗位技术指南

出版发行　冶金工业出版社　　**电　　话**　(010)64027926

地　　址　北京市东城区嵩祝院北巷39号　　**邮　　编**　100009

网　　址　www.mip1953.com　　**电子信箱**　service@mip1953.com

责任编辑　王梦梦　美术编辑　彭子赫　版式设计　郑小利

责任校对　李欣雨　责任印制　禹　蕊

三河市双峰印刷装订有限公司印刷

2023年12月第1版，2023年12月第1次印刷

880mm×1230mm　1/32；3.875印张；84千字；113页

定价49.00元

投稿电话　(010)64027932　投稿信箱　tougao@cnmip.com.cn

营销中心电话　(010)64044283

冶金工业出版社天猫旗舰店　yjgycbs.tmall.com

（本书如有印装质量问题，本社营销中心负责退换）

《煤矿掘进岗位技术指南》
编辑委员会

前　言

长期以来，煤炭都是我国最重要的一次能源，在我国能源结构中长期保持基础性地位。煤矿安全生产事关人民群众生命财产安全，事关经济发展和社会稳定大局，是安全生产的重中之重。

转龙湾煤矿作为山东能源集团的重要组成部分，承载着巨大的责任，必须保证煤矿开采工作的安全进行。为了使煤矿掘进岗位操作人员规避作业过程中存在的各种潜在风险，转龙湾煤矿组织编写了本书，以确保每位工作者的安全。

本书不仅介绍了掘进施工工艺、掘进工种操作流程，还介绍了掘进工种必须掌握的规章制度等内容，全书图文并茂、通俗易懂，对于明确现场工作流程、规范人员操作行为、提升安全管控水平具有较强的指导性作用。本书可作为煤矿新工人岗前培训的教材，也可供煤矿安全生产管理人员参考。

由于作者水平所限，书中疏漏之处，敬请读者批评指正。

编　者

2023 年 6 月

前言

目　录

1 掘进施工工艺

1.1 综掘机截割工艺

1.1.1 施工工艺

巷道采用一次成巷，其中一种施工方法是采用掘进机截割、出煤（矸），人工备料，在掘进机后紧跟皮带机运输煤矸，人工挂网、机载探梁临时支护，操纵风动锚杆机具、打注、安装锚杆（锚索）支护顶帮的施工工艺。截割与出煤、备料平行作业，而截割与支护则单行作业。作业循环流程示意图如图1-1所示。

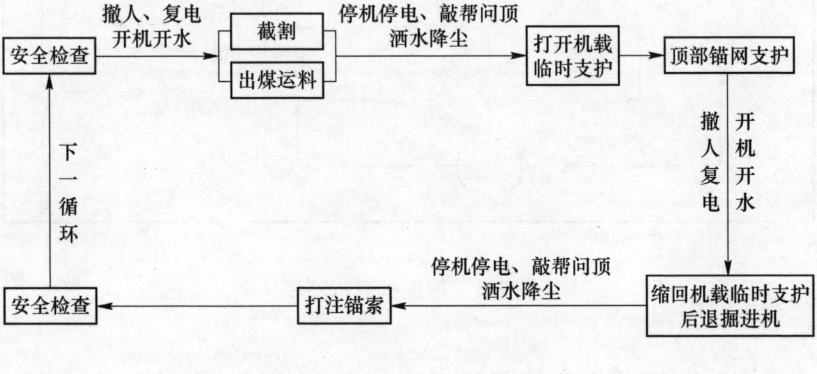

图1-1 作业循环流程示意图

1.1.2 施工方法

1.1.2.1 截割

采用综合机械化掘进时，综掘机截割破煤（岩），用风动机具打眼支护。

整个巷道断面共分两次割出。截割前首先按照中（腰）线画出轮廓线，检查上循环巷道尺寸，掘进机的截割头从迎头正中下部进刀，按自下而上、先左后右的顺序割出毛巷道，再根据中线及断面尺寸切割巷道周边，割出荒断面，巷道顶底板要割平，一侧帮部破碎时，先截割对侧；两帮破碎时，每次割锚一排。掘进机截割顺序如图1-2所示。

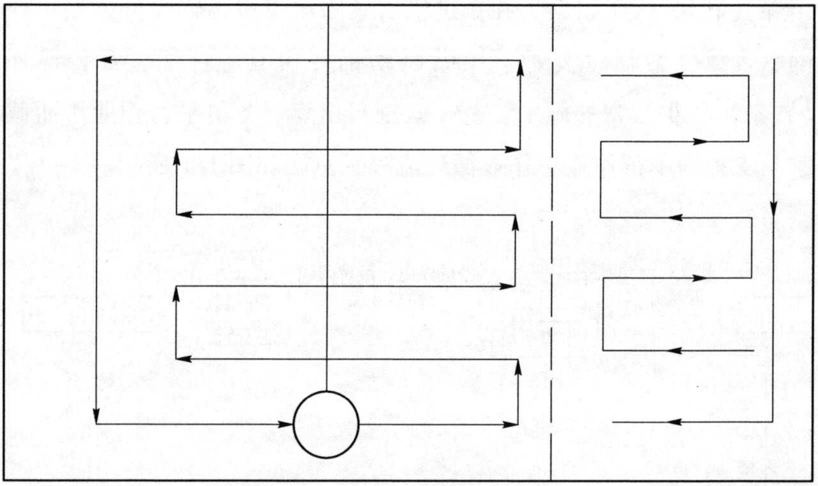

图1-2 掘进机截割顺序

1.1.2.2 临时支护

迎头切割结束后，分别对顶板、迎头和帮部进行敲帮问顶，然后打开机载前探梁进行临时支护。机载临时支护剖面图如图 1-3 所示。

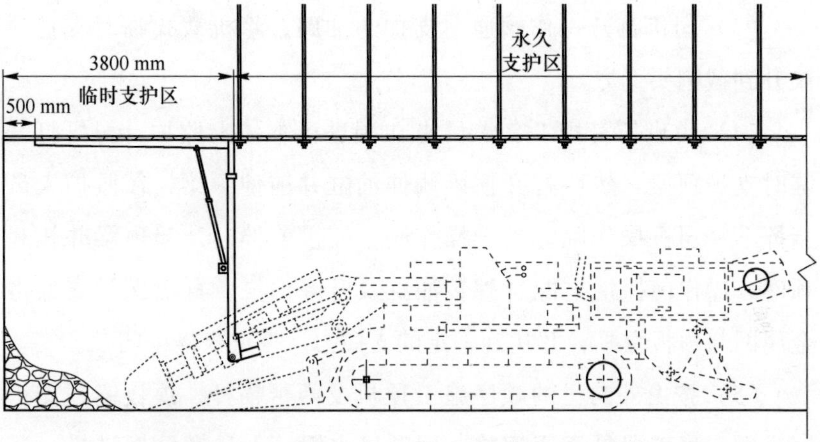

图 1-3 机载临时支护剖面图

机载式临时支护装置由支护结构、伸缩架、回转架、护顶梁四大部分及液压系统构成。其中支架结构、伸缩架、回转架对称布置于掘进机两侧，与之铰接的护顶梁处于回收状态时匍匐于升架上部，底座依靠伸缩架前后两对销轴固定在掘进机上。

掘进机割煤结束后进行临时支护作业，其流程如下。

(1) 掘进机割煤结束后，将掘进机退至约巷中位置，保证临时支护后前探梁最前端最大控顶距不大于 500 mm，临时支护与两帮最大空顶宽度不大于 1 m。首先切断掘进机电气控制回路开关，切断供电电源，各开关把手恢复到零位。然后由班组长（责任人）及掘进机司机（监护人）两人共同进行敲帮问顶检查，使用测量伞檐工具检查迎头伞檐情况并视情况进行处理。

（2）联网作业结束后，除司机外，其他人员撤至掘进机一运的卸载滚筒后3 m外，由司机调整掘进机使临时支护顶梁居巷中位置，截割头距离迎头2.0 m处，并将截割头落地，安设护罩。

（3）司机打开操作阀通向支护的油路，将机载式临时支护顶梁升到截割头上方。

（4）由班长安排1名人员坐在掘进机本体上监护，司机打开临时支护顶梁，然后打开顶梁侧伸油缸并前伸顶梁，在监护人员指挥下，司机操作临时支护操作阀，缓慢前伸，升起顶梁并托起顶网，操作前探油缸配合翻转油缸及升降油缸，直至探梁支架将金属网与顶板撑平，并达到一定的支撑力，掘进机停电闭锁。

（5）按由外向里的顺序施工顶板及两帮锚杆，顶板锚网支护完成后，将工器具靠帮摆放，理顺风水绳，人员撤至掘进机一运的卸载滚筒后3 m外，将主架下降到最低位置，收回顶梁侧伸油缸，再折合顶架使顶梁架收缩到掘进机上，并收回下支撑油缸，关闭操作阀上支护的油路，使液压油路通向掘进机油路，支护控制阀工作停止。掘进机截割头退至距离迎头5 m位置处，截割头落至底板，安设护罩，掘进机停电闭锁，重新进行敲帮问顶检查，然后锚网支护两帮。

1.1.2.3 网片敷设与绑扎

网片敷设与绑扎包括顶部金属网铺设和帮部网铺设。

（1）顶部金属网铺设安装。截割完后，先进行敲帮问顶，找净活矸危岩，人员站在支护完好的顶板下，将顶网放置于掘进机机载临时支护顶架梁上绑牢，掘进机机载临时支护顶架梁伸出至顶板顶牢后，将待安装顶网与迎头支护好顶网前端按要求连接好。

（2）帮部网铺设安装。截割完后，先进行敲帮问顶，找净活矸危岩，人员站在支护完好的顶板下，一人平铺塑料网，一人将待安装塑料网与顶板的金属网按要求连接好，然后将塑料网与后面的一片塑料网按要求连接好。

此外，网片要压茬连接，搭接长度不小于100 mm，紧贴煤壁有一定张紧力，相邻两块网之间用12号铁丝双股绑扎连接，拧紧3扣以上，连接点要均匀布置，间距（300±50）mm。

1.1.2.4 锚杆施工工艺

迎头截割完成并进行可靠的敲帮问顶、临时支护后，方可进行锚杆施工作业。

（1）打顶锚杆眼。采用KMQT-130/3.2T型风动锚杆钻机，B19的六棱中空钢钎配ϕ28 mm的钻头打顶部锚杆眼。打眼前，首先按照中线严格检查巷道断面尺寸，不符合作业规程质量要求时必须先进行处理；打眼前，要先敲帮问顶、临时支护，找掉活矸、危岩（煤），确认安全后方可开始工作；打顶部锚杆眼时，锚杆机要放在所要打锚杆的位置正下方偏离不大于250 mm，每打注一个锚杆移一次锚杆机，确保眼位误差不得超过50 mm，眼角度误差不大于5°。锚杆眼深度应与锚杆长度相匹配，顶部眼深2.1 m，偏差0～+30 mm。

（2）打帮锚杆眼。两人或多人配合作业，一人操作风煤钻，一人负责使用ϕ26 mm麻花钻杆、ϕ28 mm钻头点眼，打帮部第一根、第二根锚杆的锚杆孔，清孔完毕后，将1支MSCKb2570型锚固剂装入孔中，用锚杆将锚固剂推入孔底。锚杆外端通过螺帽、连接套与钻机（或液压锚杆钻车）连接，开动钻机搅拌锚固剂，边搅拌边推进，直至将锚杆推入孔底，搅拌15～20 s，托盘紧贴煤壁；停机30 s后，用风动扳手紧固锚杆螺帽，直至达到规定预紧力。

（3）锚杆安装。顶部打眼后随即安装锚杆，把 1 支 MSCKb2570 树脂锚固剂送入锚杆眼中，然后将锚杆送入锚杆眼中。用带有专用套筒的锚杆机卡住锚杆螺帽，先升锚杆机将锚固剂送入眼底，锚杆外露长 0.5 m 左右时再开动锚杆机，使锚杆机带动杆体旋转将锚杆旋入树脂锚固剂，并对锚固剂进行搅拌，直至锚杆达到设计深度，搅拌时间 20 ~ 25 s，等待 26 ~ 35 s 之后，开动锚杆机拧紧螺帽使阻尼塞吐出，锚杆托盘贴紧煤面，给锚杆施加一定预紧力，顶部锚杆安装扭矩不小于 300 N · m。

帮部在煤岩完整稳定时，可先打眼然后集中安装锚杆，否则，打一个锚杆眼安装一根锚杆。帮部下俯的锚杆眼要用吹眼器将眼孔内的积水、煤粉用压风吹扫干净，吹眼时，操作人员必须站在孔口一侧，眼孔方向不得有人。注锚杆时，把 1 支 MSCKb2570 树脂锚固剂送入眼内，把锚杆插入锚杆眼内，采用风煤钻安装锚杆，顶住树脂锚固剂向里推，锚杆外露长 0.8 m 左右时，用带有专用套筒的钻机卡住锚杆杆体，开动钻机，使钻机带动杆体旋转将锚杆旋入树脂锚固剂，并对锚固剂进行搅拌，直至锚杆达到设计深度，搅拌时间 20 ~ 25 s，等待 26 ~ 35 s。帮部锚杆杆体安装完成后，人工安装托盘及螺帽，使用 AQS-17/5.8 型风动气扳机逐个对施工完的锚杆进行紧固，帮部锚杆安装扭矩不小于 300 N · m。

凡打、注不合格的锚杆立即补打，外露超过 200 mm 的锚杆，要锯掉或弯倒贴近顶板。两帮锚网支护距迎头不大于 20 m。

1.1.2.5　锚索施工工艺

采用 KMQT-130/3.2T 型风动锚杆钻机、B19 的六棱中空钢钎组合配合 ϕ28 mm 金刚石钻头打锚索眼；锚索眼位置要准确，眼位误差不得超过 100 mm，眼深 4.75 m，误差 0 ~ +200 mm；每根锚索使用 2 支 MSCKb2570 锚固剂；安装前，应将眼孔内的煤、岩粉冲净；安装时，首先在锚索眼内放入锚固剂，然后用锚索轻轻顶住锚固剂送入眼底，锚索下端安装锁具及托盘，确保锁片楔紧后，在锚杆机上套上专用注锚器，将锚索下端头锁牢，然后开动锚杆机开始边旋进边搅拌，直至锚索到底，搅拌时间控制在 20 ~ 25 s，等待 26 ~ 35 s 之后，松下锚杆机，再等待 10 ~ 15 min 后对锚索锁具进行预紧，$\phi 21.8 \times 6000$ mm 锚索预紧力不小于 200 kN，$\phi 17.8 \times 5000$ mm 锚索预紧力不小于 180 kN，凡锚固力不足的锚索立即补打，外露长度超过 500 mm 的锚索。

张紧锚索需 3 人配合进行，将人字梯放置在锚索下方偏 0.5 ~ 1 m 巷道底板上，专人扶梯，一人站在梯子上操作千斤顶，另一人站在梯子对侧底板上负责扶梯，另一人协助安撤千斤顶，并协助锚索加压。安装前，将千斤顶通过防坠绳悬挂在顶板金属网上，千斤顶安装完后，开启锚索张拉机具对锚索加压至设计预紧力 200 kN，然后将千斤顶卸压，最后将千斤顶从顶板摘下，递给下方协助人员。如一次加压不能达到设计预紧力，必须进行二次加压。

1.2 掘锚一体机截割出煤工艺

1.2.1 施工工艺

巷道采用一次成巷施工方法，采用掘锚机截割、出煤（矸），顺槽车配合人工运料，掘锚机后跟胶带输送机运输煤矸，人工挂网、机载临时支护，操作锚杆钻机打注、安装锚杆（锚索）支护顶帮。截割与支护、出煤、备料平行作业。

1.2.2　施工方法

1.2.2.1　截割

掘锚机由无线遥控操作，每个循环掘进1100 mm。将截割头调整至巷道顶板，亦称为升刀；扫去上一刀预留的200 mm左右煤皮圆弧段，亦称为扫顶；将截割头向前切入煤体1000 mm，亦称为进刀；然后由上向下切入煤体，亦称为割煤；当截割头割到煤层底板起2000 mm时，掘锚机向前行走将截割头调整至掏槽顶板，亦称为推刀；扫去上一刀预留的200 mm左右煤皮圆弧段，亦称为扫顶；将截割头向前切入煤体1000 mm，并由上向下切入煤体，亦称为进刀、割煤；完成1000 mm的掏槽掘进后，将截割头切割到煤层底板，把截割头与铲板放在最低，等待支护完成后，掘锚机截割部向后退1000 mm拉底煤使巷道底板平整装完余煤，亦称为拉底，并进行下一割煤（支护）循环。循环进尺1.1 m。掘锚机断面截割轨迹示意图如图1-4所示。

1.2.2.2　对截割质量的要求

按设计轮廓截割，截割出的断面轮廓平滑、规整，尺寸符合要求。截割时注意扫底，否则，由于底板上堆积大量浮矸，会影响清底作业，还会造成掘锚机越走越高，截割巷道底面越割越高。在截割中铲板不应轻易抬起。

1.2.2.3　在复杂地质条件下掘锚机的使用

当遇到复杂地质条件时掘锚机可进行如下操作。

（1）底板需起坡时，掘锚机截割底板时，应抬高截割头使之

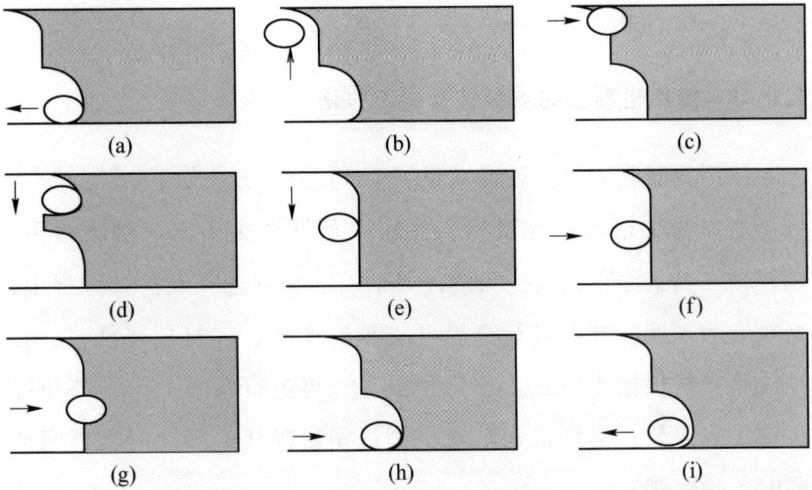

图 1-4　掘锚机断面截割轨迹示意图

（a）（i）拉底；（b）升刀；（c）扫顶；（d）进刀；（e）割煤；（f）推刀；（g）扫顶；（h）进刀、割煤

稍高于铲板前沿，掘锚机前进时，铲板要稍稍抬起，相应将履带前面适当垫高，使掘锚机前部抬起，当铲板抬起到与所掘进巷道的坡度一致时，落下铲板继续正常截割。

（2）底板需下坡时，将铲板向下倾斜进行卧底施工，将铲板前面的底板截割深些，清净浮矸，铲板落到与巷道底板一致时，方可正常作业，当坡度较大时，应先平稳过渡，履带后部使用垫木板使掘锚机后部抬高，待铲板下底浮矸掏净后，即可落下铲板，继续正常作业。

（3）有淋、涌、积水时，必须做好掘锚机的防淋措施，保护好掘锚机的电气设备。同时要及时检查电器绝缘情况，保证安全运转。涌水或淋水大时，要注意勤清铲板两侧的浮矸，注意截堵掘锚机后的涌水。

1.2.3 使用机载临时支护装置施工方法

使用机载临时支护装置（见图1-5）施工方法如下。

(1) 掘锚机截割完成后，找顶人员站在永久支护的顶板下，用找顶工具找净顶帮及迎头的浮矸活石。在掘进（支护）过程中，必须升起顶棚，方可进行割煤（支护）工作，在打顶锚杆时，必须先将支护顶棚支撑到工作区顶板上，再进行钻眼工作（待顶锚杆支护完成后，锚杆机司机及掘锚机司机确认无问题时方可回落临时支护顶棚）。

(2) 上网人员把联好的钢筋网在支护顶棚上摆好后，退出至掘锚机钻机操作台上，掘锚机司机缓慢支起支护顶棚，把顶网压至紧贴顶板；然后将掘锚机调至支护模式，支护人员站在支护好的顶板下操作钻机进行永久支护。

(3) 临时支护作业时，人员不得站在空顶范围内，并且设专人指挥，协调进行。摆放网片时，严禁人员或身体部位进入空顶区域。

(4) 打注顶部锚杆。

1) 一人操作顶锚杆钻机左/右倾斜手柄、前/后倾斜手柄将顶锚杆钻机调至施工锚杆位置。

2) 将钻杆放在转动部上，操作顶锚杆钻机控制阀进给手柄将钻动部伸出至顶板。

3) 操作顶锚杆钻机控制阀锚杆夹紧手柄将钻杆夹紧至不影响转动。

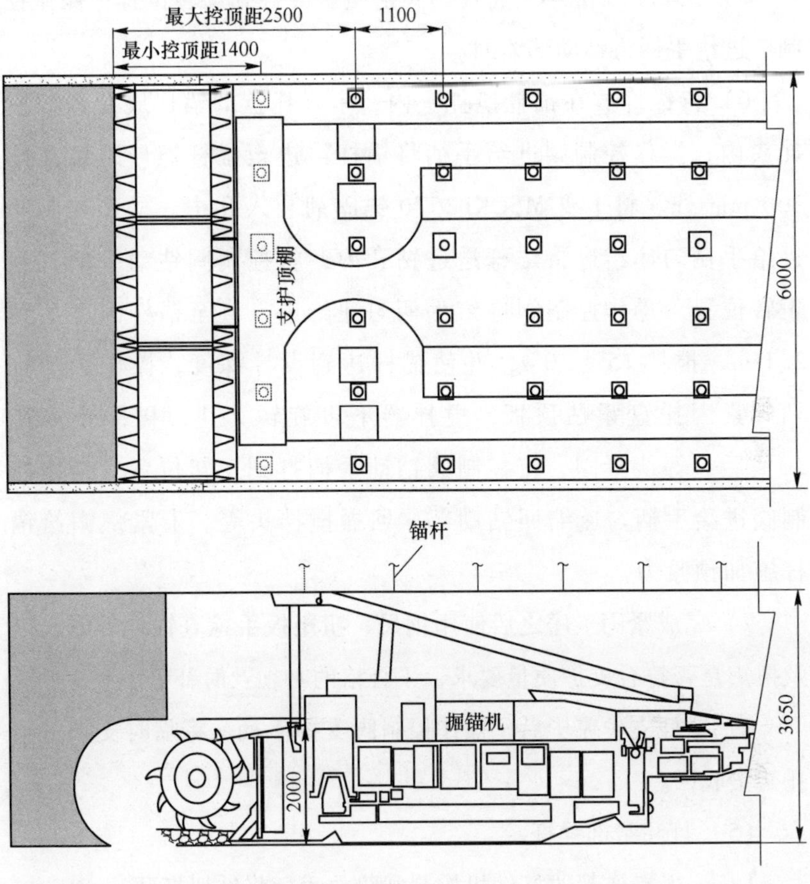

说明：

1. 图中标注单位为 mm；

2. 最小控顶距不大于 1400 mm，最大控顶距不大于 2500 mm；

3. 截割后将截割部掏槽伸入煤层下部。

图 1-5　机载临时支护示意图

4）打开顶锚杆钻机供水阀门，将控制阀钻动手柄打到正转位置，操作控制阀进给手柄打设钻孔，孔深 2.15 m。

5）钻孔施工完毕，将控制阀钻动手柄打到反转位置，操作控制阀进给手柄将钻动部缩回。

6）将锚杆放在锚杆搅拌头内，串好托盘的锚杆放在锚杆搅拌头内，操作控制阀进给手柄将锚杆给进至锚杆螺母距钻孔约200 mm处。将1支MSCKb2570锚固剂装入孔中，操作控制阀进给手柄匀速给进将锚杆送进钻孔内，将控制阀钻动手柄打到正转位置，操作控制阀进给手柄匀速给进，直至锚杆深度达到2.1 m，搅拌15~20 s，并使锚杆达到设计深度，操作手动打钻阀紧固托盘紧贴顶板，搅拌器不再旋转为止，再静止等待30 s后，等待凝固，将控制阀钻动手柄打到反转位置，操作控制阀进给手柄匀速缩回钻动部，回撤搅拌头等。上紧螺帽给锚杆施加预紧力。

7）完成紧固工序之后使用钢尺、扭矩扳手检查锚杆外露长度及扭矩是否符合支护质量要求，不合格的必须及时补打。

8）锚杆支护完毕后，操作控制阀支撑手柄，将临时支护进给托架梁收回。

（5）打注帮部锚杆。

1）一人操作帮锚杆钻机控制阀收放手柄将钻架打开。

2）分别操作控制阀升降手柄、左/右倾斜手柄、前/后倾斜手柄将帮锚机调至施工锚杆位置。

3）将钻杆放在转动部上，操作控制阀夹紧爪手柄将钻杆夹紧至不影响钻杆转动。

4）操作控制阀进给手柄将钻动部伸出至帮部。

5）打开顶锚机供水阀门，将控制阀钻动手柄打到正转位置，操作控制阀进给手柄打设钻孔，孔深1.75 m。

6）钻孔施工完毕，将控制阀钻动手柄打到反转位置，操作控制阀进给手柄将钻动部缩回，操作控制阀夹紧爪手柄将钻杆松开。

7）将锚杆搅拌头放在帮锚杆钻机钻动部上，将1支MSCKb2570锚固剂装入孔中，并用串好托盘的锚杆顶住锚固剂，将锚杆放在锚杆搅拌头内，操作控制阀进给手柄将锚杆推至锚杆螺母距钻孔约200 mm处，将控制阀钻动手柄打到正转位置，操作控制阀进给手柄匀速给进，直至锚杆深度达到1.7 m，搅拌15～20 s，搅拌完毕后将锚杆顶至托盘紧贴帮部，等待凝固。凝固30 s后，操作手动打钻阀紧固托盘紧贴帮部，搅拌器不再旋转为止，收回锚杆机，回撤搅拌头等。

8）完成紧固工序之后使用钢尺、扭矩扳手检查锚杆外露长度及扭矩是否符合支护质量要求，不合格的必须及时补打。

（6）顶部锚索施工方法。

1）一人操作顶锚杆钻机控制阀左/右倾斜手柄、前/后倾斜手柄将锚杆机调至施工锚索位置。

2）将钻杆放在转动部上，操作控制阀进给手柄将钻动部伸出至顶板。

3）操作控制阀锚杆夹紧手柄将钻杆夹紧至不影响转动。

4）打开顶锚杆钻机供水阀门，将控制阀钻动手柄打到正转位置，操作控制阀进给手柄打设钻孔，孔深8.75 m。

5）钻孔施工完毕，将控制阀钻动手柄打到反转位置，操作控制阀进给手柄将钻动部缩回。

6）将2支MSCKb2570锚固剂装入孔中，并用锚索一端顶住锚固剂，然后将锚索送入孔中，锚索另一端放入锚索搅拌头内。

7）将控制阀钻动手柄打到正转位置，操作控制阀进给手柄匀速给进，直至锚索深度达到 8.75 m，搅拌 15 ~ 20 s，将控制阀钻动手柄打到反转位置，操作控制阀进给手柄匀速缩回钻动部，回撤搅拌头等。

8）完成紧固工序之后使用钢尺检查锚索外露长度是否符合支护质量要求，不合格的必须及时补打。

9）锚索支护完毕后，操作控制阀支撑手柄，将临时支护进给托架梁收回。

1.3 设备介绍

1.3.1 综掘机

综掘机共两种，分别为 EBZ220 型综掘机和 EBZ260 型综掘机。EBZ220 型综掘机如图 1-6 所示，其主要参数见表 1-1。

图 1-6　EBZ220 型综掘机

表 1-1 EBZ220 型综掘机主要参数

项 目	参 数	项 目	参 数
整机重量	56 t	地隙	360 mm
机长	10.6 m	切割卧底深度	424 mm
机宽	2.6 m	铲板卧底深度	360 mm
机高	1.8 m	铲板抬升高度	467 mm
铲板宽	3.2 m	龙门高度	440 mm
生产能力	260 m^3/h	接地比压	0.14 MPa
装运能力	270 m^3/h	行走牵引力	≥380 kN
经济截割硬度	≤80 MPa	行走速度	0~8 m/min
适应巷道宽度	±18°	泵站电机功率	90 kW
定位最大可掘高度	5.2 m	液压系统压力	25/20 MPa
定位最大可掘宽度	6.6 m	总功率	310 kW
截割电机功率	220 kW	供电电压	1140 V

EBZ260 型综掘机整机主要参数见表 1-2，其外形如图 1-7 所示。

表 1-2 EBZ260 型综掘机整机主要参数

项 目	参 数	项 目	参 数
主机长（不含转载机）	10.8 m	可掘进巷道断面	29 m^2
机器宽（铲板宽）	2.6/(3.2) m	掘进高度	2.8~5.0 m
切割头水平放置最高点	2.20 m	定位（掘进高度）	3.8~6.0 m
切割护板高度	2.13 m	经济切割硬度	≤90 MPa
机器重	90 t	接地比压	0.172 MPa
总功率（含二运、风机）	426 kW	地隙	250 mm

续表 1-2

项 目	参 数	项 目	参 数
龙门高度	405 mm	切割头转速	32 r/min
爬坡能力	±18°	切割头直径	990 mm
最大卧底量	250 mm	装运驱动方式	马达直接驱动
理念生产率	280 m^3/h	一运链速	4.0 m/s
切割功率	260 kW	链环规格	$\phi22\times86$

图 1-7 EBZ260 型综掘机

1.3.2 掘锚一体机

掘锚一体机共两种，分别为久益 EJM2×170 型掘锚机和山特维克 MB670-1 型掘锚机。

久益 EJM2×170 型掘锚一体机如图 1-8 所示，其整机主要参数见表 1-3。

图 1-8 久益 EJM2×170 型掘锚一体机

表 1-3 EJM2×170 型掘锚一体机整机主要参数

项目	参数	项目	参数
机体总长	12.9 m	截割面积	15.6~20.8 m^2
机身最大宽度	2.52 m	爬坡能力	±16°
铲板总宽/伸展	4.6/5.2 m	截割头卧底量	190 mm
机体总重	85 t	铲板卧底量	218 mm
截割宽度	5.2 m	铲板抬升量	697 mm
截割高度	3.3~4.2 m	行走速速	0~19.8 m/min

续表 1-3

项　目	参　数	项　目	参　数
运输机链速	2.45 m/s	截割电机功率	2×170 kW
截割强度	≤50 MPa	运输机电机功率	40 kW
装载方式	铲板收集、运输机装载	行走电机功率	2×60 kW
接地比压	0.22 MPa	油泵电机功率	2×45 kW
系统压力	25 MPa	风机电机功率	30 kW
装机总功率	650 kW(含二运 30 kW)	供电电压	AC1140 V-50 Hz

山特维克 MB670-1 型掘锚一体机如图 1-9 所示，其整机主要参数见表 1-4。

图 1-9　山特维克 MB670-1 型掘锚一体机

表 1-4 MB670-1 型掘锚机整机主要参数

项 目	参 数	项 目	参 数
机体总重	105 t	装载机能力	25 t/min
截割宽度	4.6/4.7/4.9/5.0/5.7 m	接地比压	0.168 ~0.236 MPa
截割高度	2.8 ~3.8 m	装机总功率	546 kW
截割滚筒直径	1150 mm	截割电机功率	270 kW
液压牵引电机功率	132 kW	运输机电机功率	36 kW

1.3.3 除尘风机

除尘风机有 KCS-550D 型湿式振弦除尘风机，如图 1-10 所示。

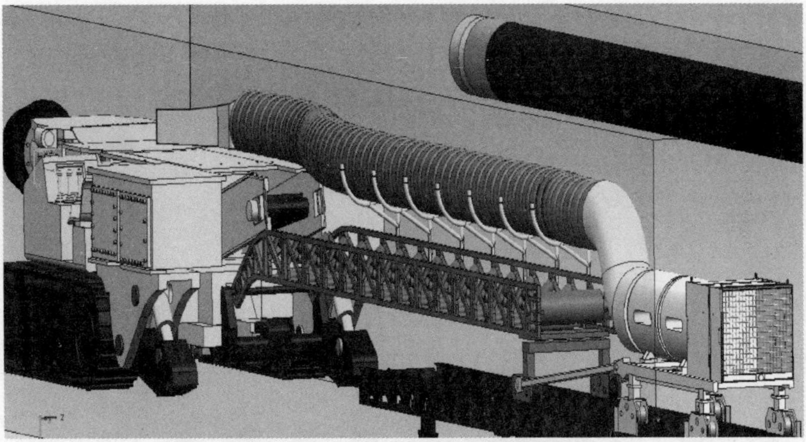

图 1-10 KCS-550D 型湿式振弦除尘风机

1.3.4 打顶钻具

打顶钻具有 KMQT-130/3.2T 型风动锚杆（锚索）钻机，如图

1-11 所示。

图 1-11　KMQT-130/3.2T 型风动锚杆（锚索）钻机

1.3.5　打帮钻具

打帮钻具有 MQTB-70/1.7 型风动锚杆钻机，如图 1-12 所示。

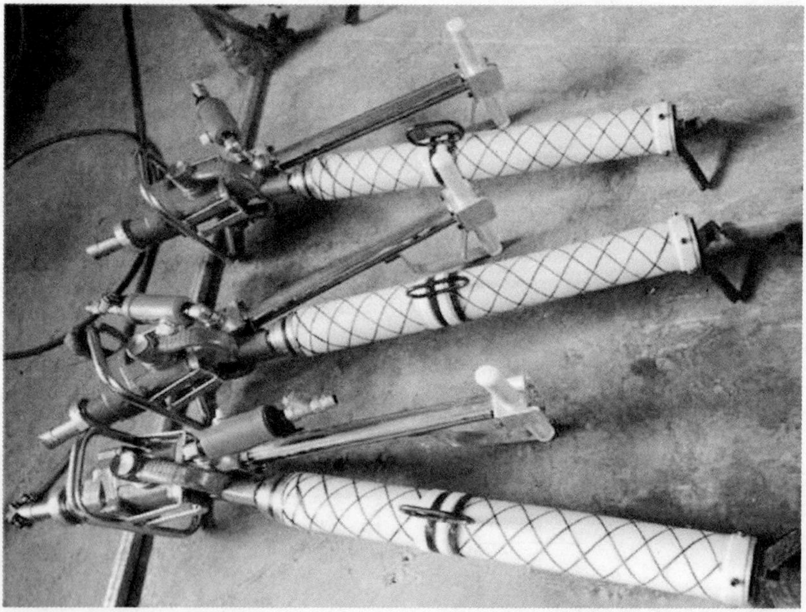

图 1-12　MQTB-70/1.7 型风动锚杆钻机

1.3.6 紧固锚杆器具

紧固锚杆器具有 AQS-17/5.8 型风动气扳机，如图 1-13 所示。

图 1-13 AQS-17/5.8 型风动气扳机

1.3.7 紧固锚索器具

紧固锚索器具有 MQ18-450/40 锚索张紧器，如图 1-14 所示。

1.3.8 皮带机

皮带机有 DTL100/DSJ100 型皮带机，如图 1-15 所示。

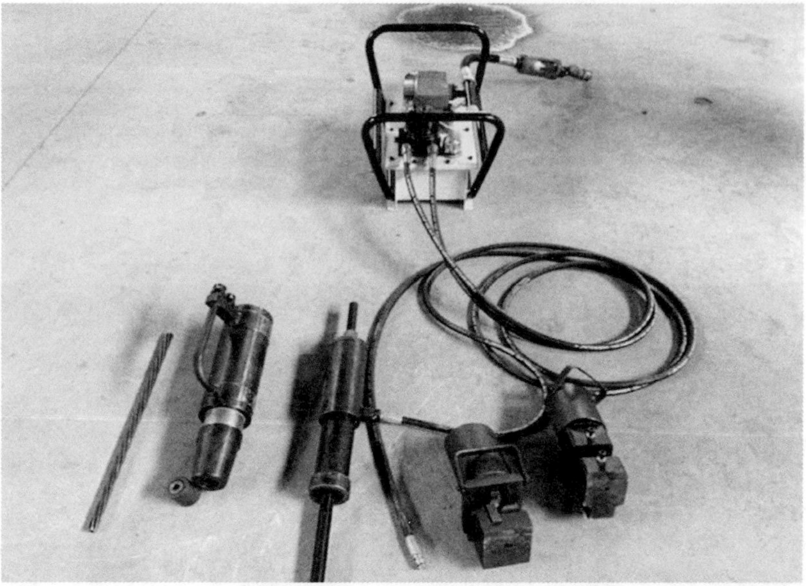

图 1-14　MQ18-450/40 锚索张紧器

图 1-15　DTL100/DSJ100 型皮带机

1.3.9 皮带智能化控制

皮带智能化控制由 ZZK-127 集中控制中心来控制，如图 1-16 所示。

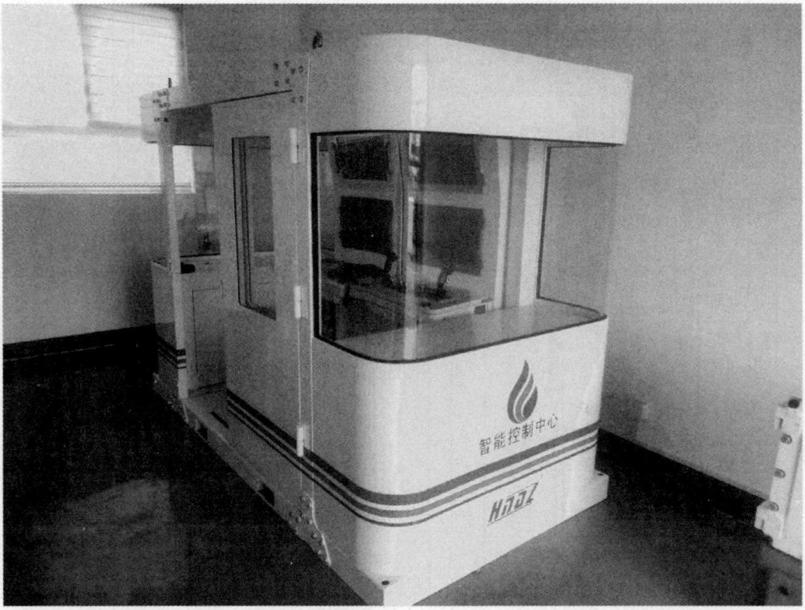

图 1-16 ZZK-127 集中控制中心

1.3.10 掘进巷道主要设备

掘进巷道主要设备布置示意图如图 1-17 所示。

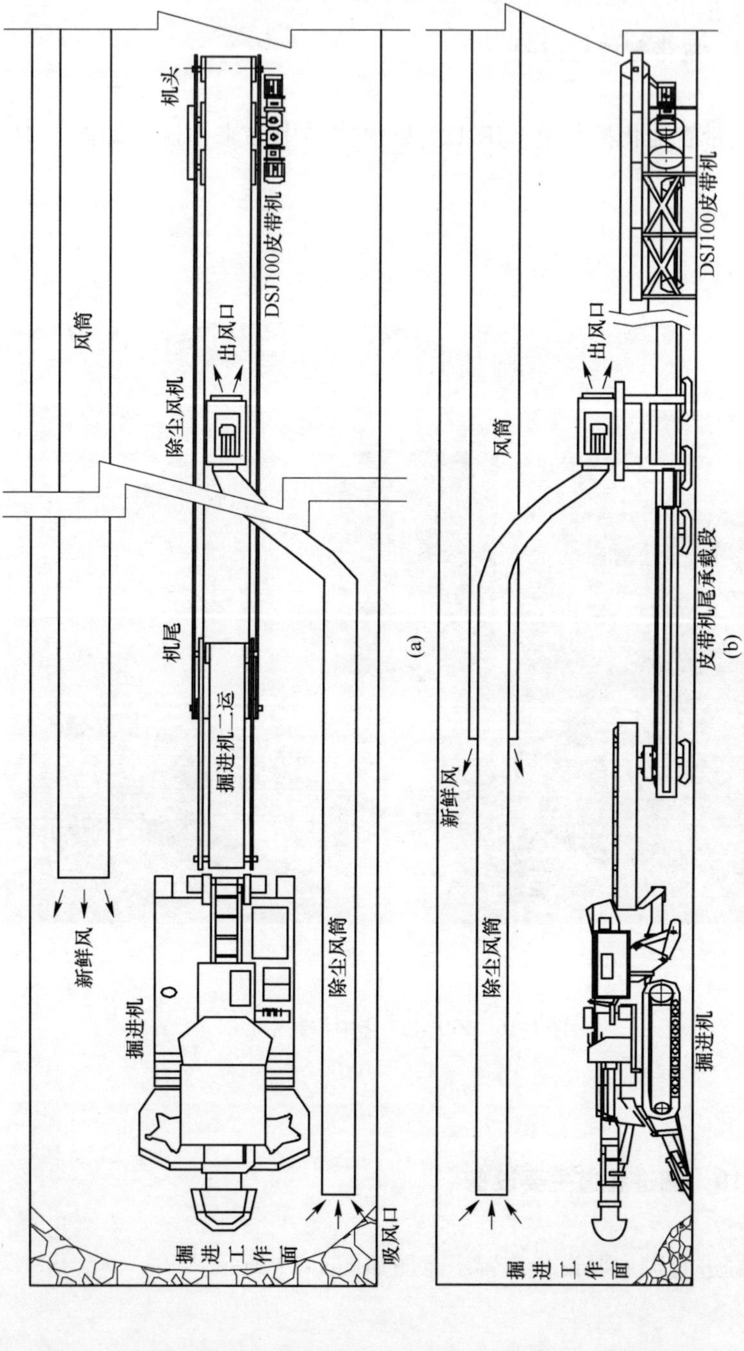

图 1-17 掘进巷道主要设备布置示意图
(a) 平面图；(b) 剖面图

2　掘进工种操作流程

2.1　综掘机司机岗位操作流程

2.1.1　岗位任职资格

掘进机司机必须经专门培训、考试合格后，取得此岗位操作资格证，持证上岗。

2.1.2　操作流程

2.1.2.1　接班时

接班时必须做到：

(1) 必须佩戴齐全完备的劳动防护用品，持有效岗位资格证上岗；

(2) 详细检查掘进机的备品备件、专用工器具的完好及存放情况；

(3) 认真查看运转日志，向交班人详细询问、了解工作现场掘进机的运转使用情况。

2.1.2.2　工作前

工作前必须做到：

(1) 检查周围作业环境：

1）进行敲帮问顶，检查工作面支护是否符合作业规程的规定；

2）工作面有害气体浓度是否超限，气体检测仪器是否正常；

3）工作面有无影响正常操作掘进机的障碍；

4）供电、供水情况是否正常。

（2）检查设备完好情况：

1）检查截割头上是否缠绕有金属网、锚杆或其他杂物情况，检查截齿、齿套、齿座、喷嘴的损坏或丢失情况；

2）检查电缆及拖移装置的完好情况，水管或接头是否存在破损、漏水现象；

3）检查掘进机各连接部位螺栓、销轴、挡板是否齐全紧固，有无变形；

4）检查掘进机液压系统管路、控制阀、马达、油泵、油缸、液压箱、各齿轮箱等是否完好，油脂、油位是否正常，有无渗、漏油现象；

5）刮板链、履带链松紧程度是否适宜，有无断裂、弯曲、错牙等现象；

6）检查各操作手柄是否完好并处于零位；

7）检查后部胶带输送机机尾是否受力受压。

（3）试运转检查：

1）确认掘进机作业环境周围无其他人员时，方可发出警报，准备开机；

2）检查掘进机急停开关、操作按（旋）钮、操作手柄是否灵活可靠；

3）检查冷却水路流量、压力是否符合规定，喷雾雾化效果是

否良好;

4）检查掘进机各部位油缸动作、行走部工作、截割头高低速运转是否正常;

5）检查装载机构及一运、二运工作是否正常;

6）检查掘进机所显示内容，指示信号、仪表、照明是否正常。

（4）检查确认完毕，及时汇报情况。

2.1.2.3 工作中

工作中必须做到:

（1）胶带输送机运转正常后，方可操作掘进机进行截割。

（2）通过断层、褶皱等地质构造时，观察掘进机震动情况，如截割困难，需停机采取其他措施。

（3）随时注意观察掘进机运转情况:

1）精力集中，根据地质条件，选择合理的截割工艺，控制好巷道成型。

2）开始截割时，应使截割头慢速靠近煤岩体，并根据负荷情况和机器的震动情况适时加大进给速度。调整速度时，应由慢到快，保证平稳工作。

3）时刻掌握掘进机各部位运转情况，出现异常必须立即停止运转，及时查明原因，处理故障。

4）随时观察电缆、管路等受力、冷却水及喷雾雾化情况。

（4）截割过程中，必须时刻注意观察顶板支护状况，发现安全隐患，必须立即停机处理或撤离。

（5）临时停止截割时，司机严禁离开岗位，同时，其他各种开关手柄必须恢复到停止位置。司机离开操作台时，必须断开掘进机上的电源开关。

(6) 进行收尾工作时，清理巷帮及底板浮煤（矸），将刮板输送机与转载机上煤（矸）运输干净。

(7) 遇大块煤（矸）不能正常通过一运时，必须停机、破碎。

(8) 发现截齿有缺损现象，必须停机处理。

2.1.2.4　完工后

完工后必须做到：

(1) 掘进机截割头、铲板落地，并将截割头覆盖防护装置，所有操作手柄打到零位；

(2) 将掘进机停电、停水，并将隔离开关打到零位并上锁；

(3) 清理责任区内卫生，将各专用工具按指定位置放好；

(4) 填写掘进机运转日志。

2.1.2.5　交班时

交班时必须做到：

(1) 交接班时，如实反映掘进机运转状况及注意事项；

(2) 配合接班人做好检查工作，及时处理接班人提出的问题。

2.1.2.6　掘进机上岗须知

岗位必知知识：

(1) 掘进机主要由截割机构、装载机构、行走机构、油箱、泵站、运输结构、操作台、内喷雾泵站、电控箱、截割头等部分组成。

(2) 掘进机作业时，应当使用内、外喷雾装置，内喷雾装置的工作压力不得小于 2 MPa，外喷雾装置的工作压力不得小于 4 MPa。在内、外喷雾装置工作稳定性得不到保证的情况下，应当使用与掘进机联动联控的除降尘装置。

(3) 掘进机必须装有以专用工具开、闭的电气控制回路开关，专用工具必须由专职司机保管。

(4) 掘进机所有电气、液压保护装置必须保持齐全、灵敏、可行，严禁甩掉不用。

(5) 截割头严禁带负荷启动，超负荷运转，必须在旋转状态下，方可进入或移出煤岩体，严禁在停止状态下向外拉出。

(6) 截割头需降落至最低位置时，必须将铲板落下或停止装载机构运转，防止装载机构与截割臂相互干涉。

(7) 掘进机向前行走时，应注意清理底板浮煤，避免出现台阶，造成掘进机爬高；如履带松弛或发出异响，必须及时停机处理，防止链条受损。

(8) 掘进机行进前，必须收起后支撑，抬起铲板。

(9) 在装运过程中，如设备被大块煤（岩）体卡住，严禁反复开动设备进行强运，应及时停机，进行人工处理后，再行装运。

(10) 拖移电缆及水管不能受力，电缆要采取防淋水、挤压措施。

(11) 掘进机必须装有前、后照明灯，非操作侧必须装有急停开关。

(12) 非专业维修人员，严禁随意调整掘进机液压系统及供水系统等的压力。

(13) 掘进机停止工作、检修及交班时，必须将掘进机截割头落地，并断开掘进机上的电源开关和磁力起动器的隔离开关，并上锁。

(14) 检修掘进机时，严禁其他人员在截割臂和转载桥下方停留或作业。

(15) 严禁超过作业规程所规定的最大空顶距施工。掘进机运转过程中，装载部附近严禁有人。

(16) 下山掘进巷道及有淋水的巷道，完工后，应将掘进机后退至高处，确保不受水害威胁。

(17) 掘进机司机有权拒绝一切违章指挥。

(18) 在未断开电气控制回路开关的情况下，司机不得离开岗位，其他各种开关手柄必须恢复到停止位置。

(19) 发现操作手柄、按钮、失灵时，必须停机检查处理，严禁乱敲乱砸，强行使用。

(20) 发现运转部位受阻时，必须停机检查原因，严禁反复用正反运转撞击。

(21) 停机时间如果较长，必须将掘进机开至安全无淋水地带，缩回截割头，并与底板接触，切断掘进机隔离开关及跟机断路开关电源，并关闭水阀门。

2.1.3　掘进机操作台操作

掘进操作台操作流程如下。

(1) 掘进机开机操作顺序：

第一步：将掘进机电控箱的隔离开关手把打在“合”的位置上。

第二步：开动油泵电机。

第三步：开动转载电机。

第四步：开动除尘风机。

第五步：开动切割电机。

(2) 掘进机停机操作顺序：

第一步：完全提起后支撑千斤顶。

第二步：将铲板降低到地平面上。

第三步：收回切割臂并将其降到稍高于地面的位置。

第四步：关掉所有的液压操作，务必保证所有的控制器在中间位置。

第五步：依次停止切割电机、装载星轮、运输机刮板链、二运电机、油泵电机。

第六步：按下操作站上总停按钮。

第七步：把断路器绝缘手把打在“分”的位置上。

掘进机操作台司机视角外形图如图 2-1 所示。

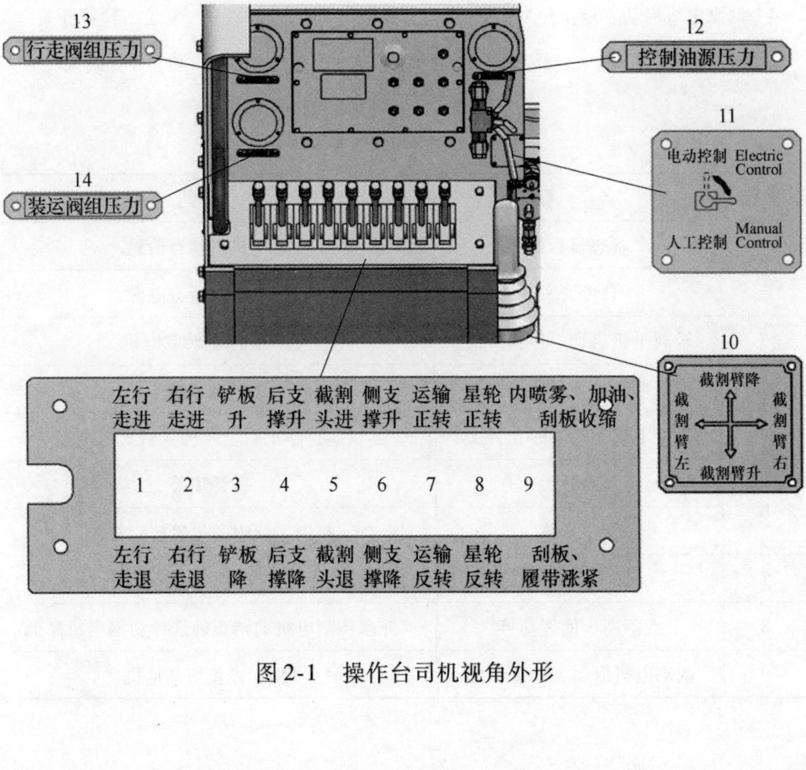

图 2-1 操作台司机视角外形

掘进机操作台外形如图 2-2 所示。操作站按钮功能见表 2-1。

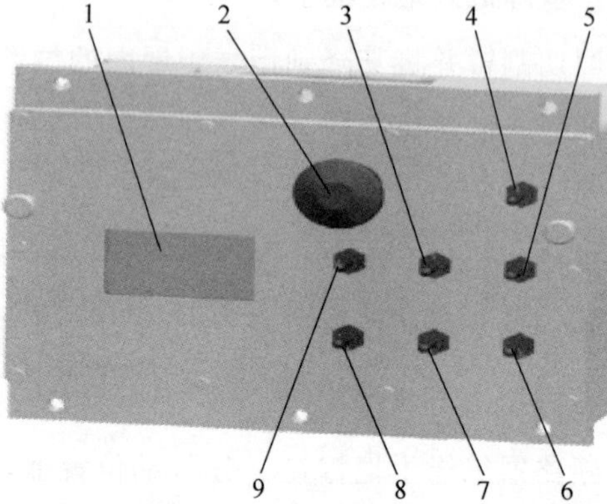

图 2-2　操作台外形图

1—状态显示器；2—急停开关；3—转载电机启动、停止开关；
4—油泵电机启动、停止开关；5—除尘电机启动、停止开关；6—复位、预警开关；
7—显示、备用；8—截割高、低速切换开关；9—截割电机启动、停止开关

表 2-1　操作站按钮功能

序号	名　称	功　能
1	状态显示器	显示机组状态信息
2	急停开关	停掘进机所有电源
3	转载电机启动、停止开关	启动/停止转载电机
4	油泵电机启动、停止开关	启动/停止油泵电机
5	除尘电机启动、停止开关	启动/停止除尘风机（特定机型）
6	预警开关	警铃预警
	复位开关	控制系统内各报警故障复位
7	显示、备用	显示/备用
8	截割高、低速切换	开启切割电机前请正确选择切割电机高低
9	截割电机启动、停止开关	启动/停止切割电机

2.1.4　掘进机遥控器操作流程

2.1.4.1　发射器工况

安全性检查：

（1）检查发射器开关，手柄防水帽及发射器外壳是否有物理损坏，发射器密封是否完好。否则，必须进行维修。

（2）确保红色蘑菇头急停按钮处在正常位置。

（3）确保发射器处于关闭状态。

（4）将充满电的电池装入发射器底部的电池舱内。

（5）旋转发射器右侧的钥匙开关开启发射器电源。

（6）发射器面板上红色和绿色指示灯亮起，同时响起蜂鸣器提示声。大约2 s系统自检后，绿色指示灯开始匀速闪烁，发射器可以进行操作。完成上述步骤后，无线遥控系统和设备可以进行相关的操作。

2.1.4.2　遥控器操作流程

操作步骤：

第一步：将掘进机操作箱上“高速—低速”选择按钮处于中位。

第二步：旋转遥控器电源旋钮开关，观察电源指示灯，快速闪烁两下（红色），通讯指示灯不停闪烁（绿色），观察电控箱显示屏遥控连接信号正常。

第三步：按下遥控器绿色“启动”按钮，急停按钮拔出，此时可通过遥控器操作面板来控制掘进机的运行，如遇到紧急情况，可迅速按下遥控器上红色急停按钮，使掘进机迅速停止运行。

矿用本安型遥控发送器结构图如图2-3所示。

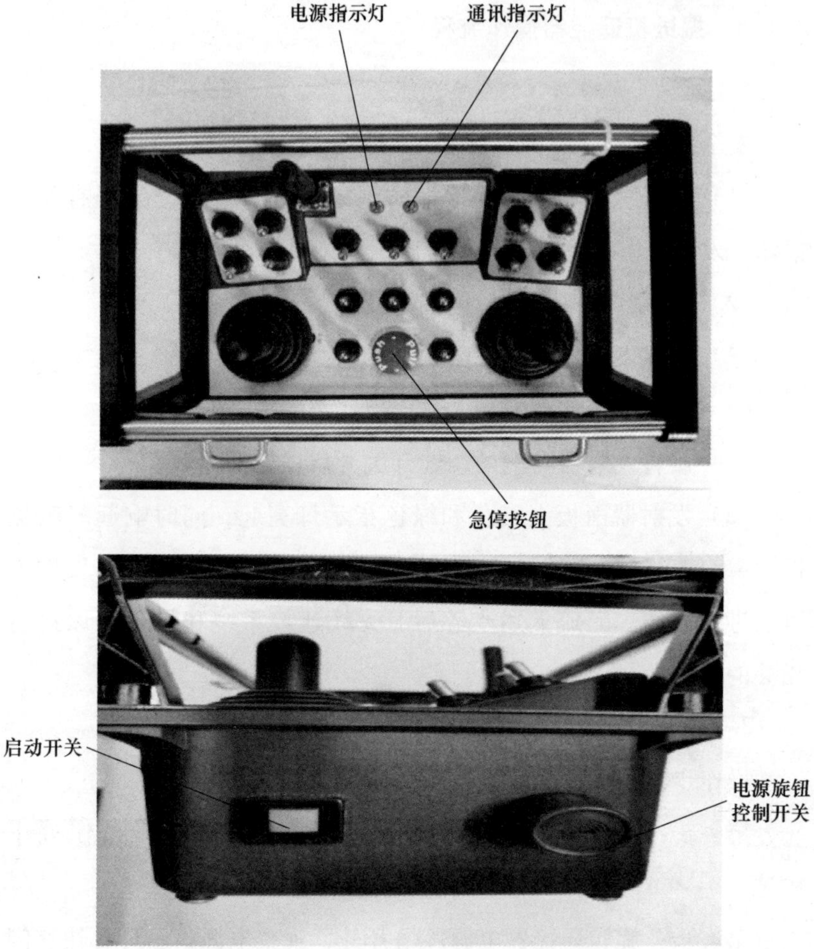

图 2-3 矿用本安型遥控发送器结构图

2.1.5 安全注意事项

安全注意事项：

（1）截割臂摆动范围内禁止人员进入；

(2) 电控箱外的电缆不要拉得过紧，特别注意不要把电缆卷到履带内；

(3) 巷道断水，无通风状况、喷雾及冷却系统不能工作时，禁止开机操作；

(4) 司机须专职，经培训合格后才能上机，无关人员禁止上机；

(5) 启动前，司机要注意确定清楚，在机器周围的危险区域内无人在场；

(6) 一旦发生危急情况，必须用紧急停止按钮，立刻切断电源，禁止继续操作；

(7) 切割电动机必须在油泵电动机运行的情况下工作，只有开启油泵电机后，其他执行机构才能动作，包括其他电机的开启；

(8) 机器作业期间禁止维修；

(9) 在维修期间禁止不经意地开动机器而造成危险情况；

(10) 在工作面有危险的地带和没有支护的顶板下禁止维修操作；

(11) 不得随意拆卸液压件，严格防止脏物进入管路，污染液压油和液压元件；

(12) 在临时支护顶紧巷道顶板时，掘进机绝对不能进行动作，需要进行工作时，应把支护收回，再进行掘进机动作；

(13) 支护不够高时，先落下支护再抬高炮头，然后再升高支护；

(14) 支护收回时要收到位，以防砸伤油缸活塞杆；

(15) 泵站工作时，禁止打开联轴器观察罩；

(16) 泵站工作时，严禁异物进入电机散热风扇护罩；

(17) 禁止切割头在卧底时，将铲板抬起的操作；

(18) 迎头气体超限或通风不良时严禁开机；

(19) 开机时必须及时开冷却喷雾，严禁不开冷却喷雾开机。

2.2　掘锚机一体机司机岗位操作流程

2.2.1　岗位任职资格

掘锚一体机司机必须经专门培训、考试合格后，取得本岗位操作资格证，掘锚一体机操作、维修人员开机或维护前，必须事先阅读整机说明书，接受正规的培训，完全熟悉所有控制装置，具备机械、液压、电气系统的知识并持有上岗资格证。

2.2.2　操作流程

2.2.2.1　接班时

接班时必须做到：

(1) 必须佩戴齐全完备的劳动防护用品，持有效岗位资格证上岗；

(2) 详细检查掘锚一体机的备品备件、专用工器具的完好及存放情况；

(3) 认真查看掘锚一体机运转日志，向交班人详细询问、了解工作现场掘锚一体机的运转使用情况。

2.2.2.2　工作前

工作前必须做到以下几点。

（1）检查周围作业环境：

1）进行敲帮问顶，检查工作面支护是否符合作业规程的规定；

2）工作面有害气体浓度是否超限，气体检测仪器是否正常；

3）工作面有无影响正常操作掘锚一体机的障碍；

4）供电、供水情况是否正常。

（2）检查设备完好情况：

1）检查截割滚筒上是否缠绕有金属网、锚杆或其他杂物情况，截齿、齿套、齿座的损坏或丢失情况；

2）检查电缆及拖移装置的完好情况，水管或接头是否存在破损、漏水现象；

3）检查掘锚一体机各连接部位螺栓、销轴、挡板是否齐全紧固，有无变形；

4）检查掘锚一体机液压系统管路、控制阀、油泵、油缸等是否完好，油脂、油位是否正常，有无渗、漏油现象；

5）检查遥控器各操作手柄是否完好并处于零位；

6）检查后部胶带输送机机尾是否受力受压。

（3）试运转检查：

1）发出警报，准备开机；

2）检查掘锚一体机急停开关、操作手柄是否灵活可靠；

3）检查冷却水路流量、压力是否符合规定，喷雾雾化效果是否良好；

4）检查掘锚一体机各部位油缸动作、行走部工作、截割滚筒运转是否正常；

5）检查装载机构及一运、二运工作是否正常；

6）检查掘锚一体机所显示内容、指示信号、仪表、照明是否正常。

（4）检查确认完毕，及时汇报情况。

2.2.2.3　工作中

工作中必须做到：

（1）带式输送机、一运、二运，运转正常后，方可操作掘锚一体机进行截割。

（2）通过断层、褶皱等地质构造时，观察掘锚一体机震动情况，如截割困难，需停机采取其他措施。

（3）随时注意观察掘锚一体机运转情况：

1）精力集中，根据地质条件，选择合理的截割工艺，控制好巷道成型。

2）开始截割时，应使截割滚筒慢速靠近煤岩体，并根据负荷情况和机器的震动情况适时加大进给速度。调整速度时，应由慢到快，保证平稳工作。

3）时刻掌握掘锚一体机各部位运转情况，出现异常必须立即停止运转，及时查明原因，处理故障。

4）随时观察电缆、管路等受力、冷却水及喷雾雾化情况。

（4）截割过程中，必须时刻注意观察顶板支护状况，发现安全隐患，必须立即停机处理或撤离。

（5）临时停止截割时，必须将掘锚一体机切换到“锚钻模式”，司机离开操作平台时，必须将掘锚一体机上主断路器打到分闸位。

（6）进行收尾工作时，清理巷帮及底板浮煤（矸），将一运、二运及带式输送机开空，停电闭锁。

(7) 遇大块煤（矸）不能正常通过一运时，必须停机、破碎。

(8) 发现截齿有缺损现象，必须停机处理。

2.2.2.4 完工后

完工后必须做到：

(1) 掘锚一体机截割滚筒落地，并将截割滚筒伸入掏槽中，将遥控器操作手柄打到中位；

(2) 将掘锚一体机停电、停水，并将主断路器打到分闸位并上锁；

(3) 清理责任区内卫生，将各专用工具按指定位置放好；

(4) 填写掘锚一体机运转日志。

2.2.2.5 交班时

交班时必须做到：

(1) 交接班时，如实反映掘锚一体机运转状况及注意事项；

(2) 配合接班人做好检查工作，及时处理接班人提出的问题。

2.2.2.6 掘锚机上岗须知

岗位必知知识：

(1) 掘锚一体机主要由截割部、铲板部、第一运输机、本体部、行走部、后支撑部、电气系统、液压系统、水系统、润滑系统、锚杆机部和除尘系统等部分组成。

(2) 截割部主要由截割滚筒、截割减速机、截割电机、架体、喷雾座组件等组成。

(3) 铲板部由主铲板、侧铲板、伸缩侧铲板、护板、从动轮装置等组成。

（4）本体部由护板、支架、稳定器及本体架组成。前端与截割部、铲板铰接。第一运输机与本体前端铰接从中间横穿。后部与后支撑连接。

（5）行走部主要由电机、减速机、履带链张紧装置、履带架等部分组成。

（6）液压系统是由油缸（包括截割升降油缸、铲板升降油缸、铲板伸缩油缸、后支撑油缸、平台伸缩油缸、一运升降油缸、一运左回转油缸、一运右回转油缸），左侧盖板组件、右侧盖板组件、左侧操纵组件、右侧操纵组件，泵站及相互连接的配管等组成。

（7）水系统分为二路：第一路经液控水阀控制后直接通往收集头喷雾；第二路经减压阀减压到 1 MPa 后，经板式冷却器冷却电控操作箱、一运电机、左/右油泵电机、左/右行走电机、左右截割电机后，冷却水又分为两路：一路直接通向锚杆机，为其供水，另一路经液控水阀控制，分别为风机喷雾、截割头喷雾供水。

（8）锚杆机部由 4 个顶板锚杆机、两个侧帮锚杆机和两个操作平台组成。

（9）降尘系统由除尘风机、前风口、后风筒等组成，主要将截割滚筒产生的煤尘空气，经前风口再经后风筒内导流板进入除尘风机进行加湿收集后，将干净空气排入巷道。

（10）电气控制系统主要由电控箱、变频调速箱、遥控发送器、操作箱、外部电气执行元件及油泵电机、截割电机、一运电机、二运电机、风机电机、行走电机等组成。

（11）电控系统通过以太网进行通讯，电控箱显示页面上可显示系统的实时工况信息并可以记录过去发生的历史故障。

（12）电气控制系统对左右截割、油泵、一运、二运、风机及行走电机的过压、欠压、过温、过载、过流、三相平衡状态、电机及其电缆的绝缘状态（漏电闭锁）进行监控和保护、并具有油温、油位、瓦斯监控和低压漏电等保护功能。

（13）电控系统设置有3种运行模式：遥控模式，本地模式和关闭模式。遥控模式为主要运行模式。

1）遥控模式。设备采煤过程中通常是遥控模式。这种模式下，操作箱不起作用，使用遥控器可操作和控制所有电机和液压功能。

2）本地模式。此模式仅限遥控器出现故障时，需要将设备移动到安全位置使用。在本地模式下，需将截割断路器断开，使用操作箱启动牵引电机，移动整机。

3）关闭模式。此模式下除急停键外，操作箱及遥控器均无效，不允许电机及电磁阀动作。此模式用于设备检修。

（14）采煤/锚钻模式。设备有采煤和锚钻两种工作模式，通过对液压管路上的采煤/锚钻开关进行选择以实现模式的切换。

1）采煤模式。将采煤/锚钻开关旋转到采煤位置，整机操作没有限制。当截割开启时行走速度将被限制设定的“最大掏槽速度”以内。

2）锚钻模式。将采煤/锚钻开关旋转到锚钻位置，当检测到锚钻压力超过设定值并且截割隔离开关打到断开位置，此时锚钻泵启动。此模式下除锚钻泵电机、油泵电机和风机电机外其他电机禁止启动，行走和所有的液压操作将被禁止。

（15）电控箱前门控制开关如图2-4所示，其中1～12如下。

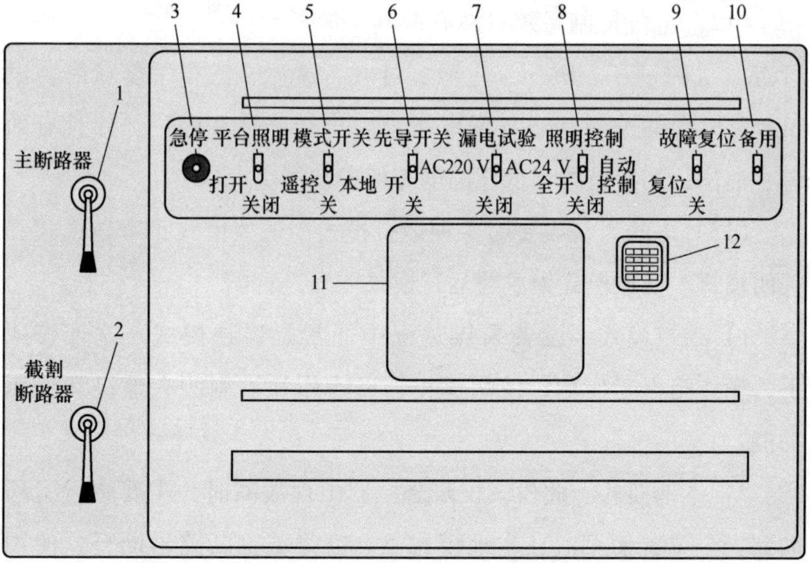

图 2-4 电控箱前门控制开关

图 2-4 中，1～12 分别简述如下。

1 为主断路器开关：主控箱主回路电源开关。

2 为截割断路器开关：截割电机、二运电机、运输机主回路电源开关。

3 为急停开关：电控箱急停，按下后，停止所有电机。

4 为平台照明：区域照明灯控制，平台照明旋至“打开”位置，区域照明灯亮。

5 为模式开关：切换系统运行模式。

6 为先导开关：接通先回回路，给前级馈电开关上电信号。

7 为漏电实验：对 AC220 V（AC127 V）和 AC24 V 进行漏电检测回路试验。

8 为照明控制开关：照明灯控制开关，当旋至“全开”位置时，前灯和后灯均亮白光；当旋至“关闭”位置时，前灯后灯均不亮；当旋至“自动控制”位置时，正常状态下，前灯一直亮白光，后灯亮红光，后退状态时，前灯仍是白光，后灯变为白光。

9 为故障复位：用于复位已排除的故障。

10 为备用开关。

11 为显示屏：实现人机交互的主要设备。

12 为矩阵键盘：主要用于对显示屏画面翻页操作。

（16）电控系统共 7 个硬件急停开关和 2 个软件急停开关，其中 7 个硬件急停开关分别为 4 个锚杆急停、1 个二运急停、1 个电控箱急停、1 个牵引箱急停，2 个软件急停分别为操作箱急停及遥控器急停。

（17）开停机顺序。送电后，如显示屏上各项显示均正常则按顺序启动各电机。

1）启动顺序：信号→油泵电机→二运电机→一运电机→报警→截割电机。

2）停止顺序：截割电机→一运电机→二运电机→油泵电机。

（18）电气设备必须由授权操作的专业人员进行维护、维修。在设备运行期间，不允许进行维护、维修工作。在维护和修理期间，禁止任意启动机器。定期检查各按钮是否灵活、可靠，各传感器是否正常运行。

（19）禁止在截割臂升降极限位置上进行钻进截割，否则会损坏油缸与轴承。

（20）截割时根据煤岩硬度，及时调整截割的掏槽距离。截割卧底时，铲板必须贴紧巷道底板。

（21）若大块煤岩被龙门卡住时，应立即停车进行人工破碎，不能用刮板机强拉。

（22）减速器油位低于标准线，要及时加油。

（23）油箱油位低于标准线时，应及时补油。

2.2.3 遥控系统

2.2.3.1 组成及介绍

遥控器是由遥控发送机、遥控接收机和充电器等组成的，接收机安装在电控箱内。操作人员通过遥控器发送机进行启、停电机及液压操作。整机采煤模式中所有动作都可以通过遥控器来完成操作，在遥控器损坏的情况下无法完成采煤工作，如果在使用过程中出现遥控器信号丢失或遥控器电量不足，整机便会处于急停状态。

2.2.3.2 遥控操作功能

为实现遥控操作，设备上的隔离开关都必须在合闸位置且主控箱的模式开关在遥控位置。

（1）遥控器启动：

1）确保遥控器所有开关均处于中位，其中“遥控操作”开关为两档开关，必须保证处于关闭位置，即开关朝下。

2）打开遥控器电源开关，遥控器发出一声蜂鸣声，遥控器状态指示灯快闪。

3）将主控箱门上的模式开关选择“遥控”位置。

4）掰“F1”开关，遥控器启动。（F1 作为系统开机开关，同时也是遥控器的启动开关。）

(2) 遥控器面板如图 2-5 所示，1～10 如下。

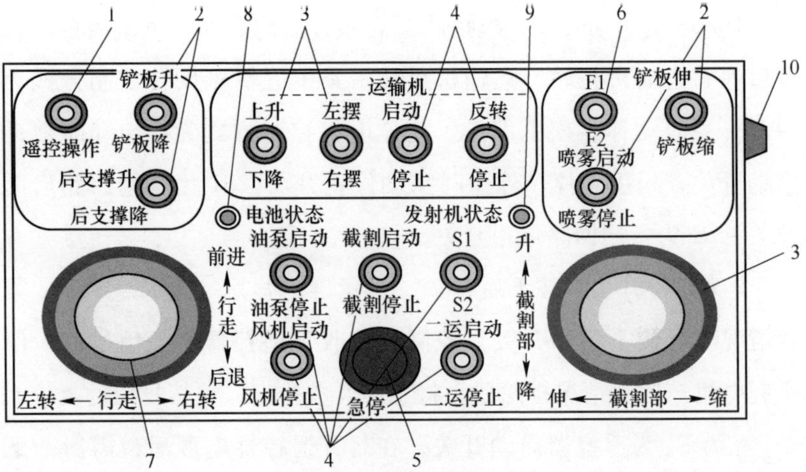

图 2-5 遥控器面板

图 2-5 中，1～10 如下所示。

1 为遥控操作，保持型开关，在遥控器打开电源前，必须确保处于关闭位置（即向下）。

2 为开关阀操作，包括铲板升、铲板降、后支撑升、后支撑降、铲板伸、铲板缩、喷雾。喷雾操作，在掰动“喷雾启动”时，喷雾运行，松手不停，掰动“喷雾停止”时停喷雾。铲板降开关为保护型开关，掰下后松手不复位；其他开关阀均为点动控制，即掰动时动作，松手后开关复位即停。

3 为比例阀操作，包括运输机升、运输机降、运输机左摆、运输机右摆、截割部升、截割部降。分别掰动运输机的上升、下降、左摆、右摆开关时，控制器输出控制信号在 5 s 内由零上升到最大值，松手即停；截割部升降为操作手柄，控制器根据操作手柄输出的开度信号来输出控制信号，松手即停。

4 为电机启动开关，包括油泵启停、截割启停、风机启停、二运启停、运输机正转、运输机反转。其中运输机反转控制方式为掰动开关时动作，松手即停。其他电机控制方式为：启动时掰动启动开关，松手不停；停止时掰动停止开关。S1 为备用回路启动开关，S2 为备用回路停止开关。

5 为急停开关。按下后自锁，显示屏上显示“遥控急停”。紧急情况下可按下急停开关，控制器接收到遥控器急停信号后，停所有电机。紧急情况排除后，将急停开关拔出，须按复位键复位。

6 为 F1 为遥控器启动开关，在打开遥控器电源后，需掰一下 F1 开关启动遥控器，同时 F1 也作为系统的“开机”命令开关。即遥控器电源打开后，可掰住 F1 启动遥控器同时系统开机预警。F2 为行走使能开关，当掰动 F2 时，显示屏上显示“行走使能”，此时，可通过 7 的摇杆控制行走。

7 为行走控制开关，须与 F2 开关配合操作。详见下方中遥控行走。

8 为遥控器电池状态指示灯。指示灯不亮时表示电量充足；指示灯慢闪时，表示电量不足，请及时更换电池；指示灯快闪时，表示电量严重不足，遥控器即将关机。

9 为遥控器状态指示灯。遥控器上电后正常状态下，以一定频率快闪。

10 为遥控器电源开关。

（3）系统开机。系统送电后，电控箱液晶屏显示“JOYGLOBAL”和“软件版本”信息，进行粘连及漏电检测，系统检测正常后，主控箱前门模式开关切换至“遥控”，系统进入遥控模式，掰遥控器上“F1”开关，控制器 ZXZK 控制语音报警器开机预警，预警结束后，系统进入“系统开机”状态。此时允许启动油泵电机。系统开机后，若在 5 s 内未启动油泵电机，系统恢复到关闭状态，若要启动油泵电机，需重新开机预警。

（4）油泵电机启动、停止：

1）系统进入“系统开机”状态，电控箱显示屏上显示“油泵待启”，在无故障情况下，掰下遥控器上“油泵启动”开关，油泵正常启动。

2）油泵启动后状态信息将变为“油泵运行”，此时锚钻泵电机、截割电机、一运电机、二运电机、风机电机等电机才允许启动。

3）油泵电机启动后掰下遥控器“油泵停止”开关，油泵电机停止。

（5）锚钻泵电机启动、停止：

1）油泵电机启动后，截割断路器 GL2 在断开位置，且锚钻压力值达到设定值（出厂默认 1 MPa）后，锚钻泵电机启动，显示屏显示“锚钻泵启动”；

2）当锚钻压力值小于 1 MPa 后，锚钻泵电机停止；

3）锚钻泵电机启动后，左截割电机、右截割电机、运输机和二运电机均不能启动。

（6）截割电机启动、停止：

1）油泵电机启动后，掰遥控器上“截割启动”开关，语音报警器开始预警，预警结束后，显示屏显示“左截割电机待启”和“右截割电机待启”，5 s 内再次掰“截割启动”开关，左截割电机和右截割电机启动，左右截割电机启动时间间隔 1 s，且交替启动顺序，此时显示屏显示“左截割电机启动”和“右截割电机启动”；

2）在左右截割待启状态下，若 5 s 内未启动左右截割电机，则截割状态由“左截割电机待启”“右截割电机待启”变为“左截割电机停止”“右截割电机停止”，若需启动左右截割电机，则需重新启动截割预警；

3）截割电机启动后，掰“截割停止”开关，左截割电机和右截割电机停止。

（7）主要电气联锁设置：

1）必须先发出开机信号，显示屏显示“系统开机”状态，油泵电机才能启动；

2）只有当油泵电机启动后，才允许启动锚钻泵电机、除尘风机、备用电机、二运电机、运输机、左截割电机、右截割电机、左牵引电机、右牵引电机；

3）若需锚钻泵电机启动，需先将截割断路器 GL2 断开；

4）锚钻泵电机启动后，二运电机、左截割电机、右截割电机、运输机不能启动；

5）运输机正反转之间有电气联锁；

6）左、右截割电机启动前必须先进行截割启动预警，预警结束后才允许启动截割电机，且在预警 5 s 内启动，若 5 s 内未及时启动，截割恢复停止状态，须再次预警后才能启动。左右截割电机启动间隔 1 s 时间，且交替启动顺序。

2.2.4　掘锚一体机远程自动截割操作步骤

2.2.4.1　操作台按键、手柄说明

首先需要与掘锚一体机通讯连接正常，心跳是掘锚一体机提

供返回的0、1变化的数值，若心跳不变，则远程控制无法进行，如图2-6所示。

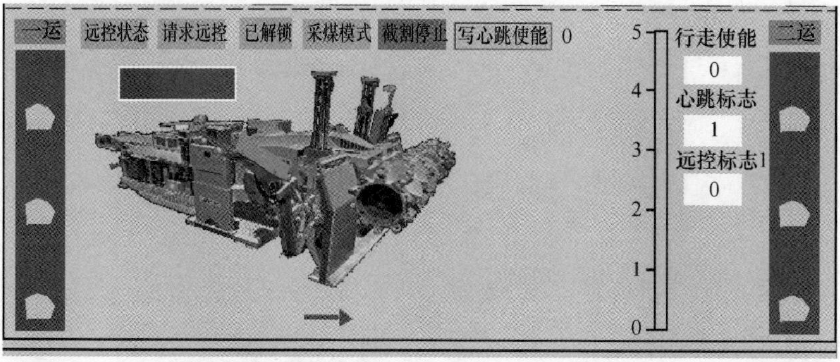

图2-6 远程控制心跳示意图

控制3个必要条件：

（1）需要将掘锚一体机控制调至远控状态；

（2）集控操作台请求远控；

（3）模式必须为截割模式。

2.2.4.2 掘锚一体机控制台各个按键说明

掘锚一体机控制台各个按键说明如下。

（1）请求远控。第一步，请求与掘锚一体机远程控制，当掘锚一体机打到远控状态，操作台请求远控，可以远程控制掘锚一体机，如图2-7所示。

（2）开机。掘锚一体机开机，按下系统开机，系统开机状态为绿色时，开机启动（按键需要保持5 s，操作台已经内设，仅需按一次即可，组态程序中开机需要鼠标点住等待5 s，待系统开机状态为绿时松开）。

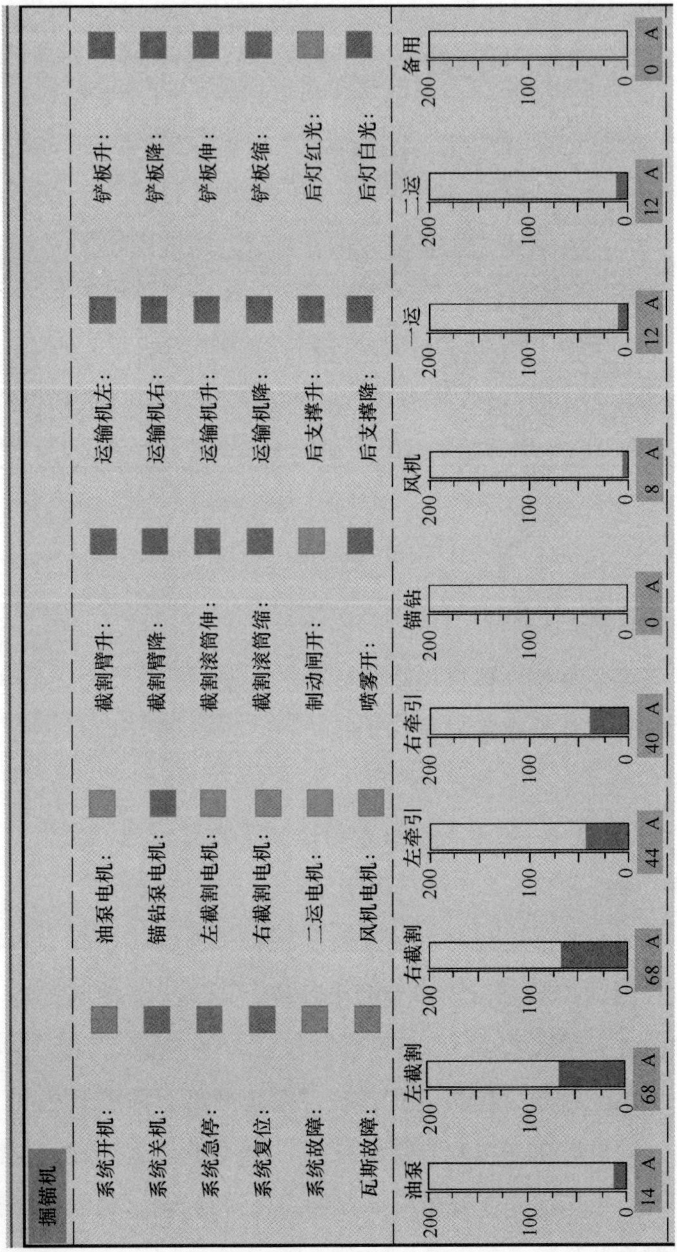

图 2-7　掘锚一体机工作状态示意图

(3) 油泵开。油泵开启键，按下油泵启动；按键需要保持5s，操作台已经内设，仅需按一次即可，组态程序中开机需要鼠标点住等待5 s，待油泵电机状态为绿时松开，油泵启动须在掘锚一体机开机启动后的5 s内启动，否则掘锚一体机会自动关机。

(4) 远控急停。紧急急停按钮，出现紧急情况时，按下远控急停，远控切断，且掘锚一体机紧急停止。

(5) 油泵关，油泵关机键，按下油泵电机关机，可在掘锚一体机状态里看到状态转换。

(6) 截割开。按下截割启动。

(7) 截割关。按下截割停止，如图2-8所示。

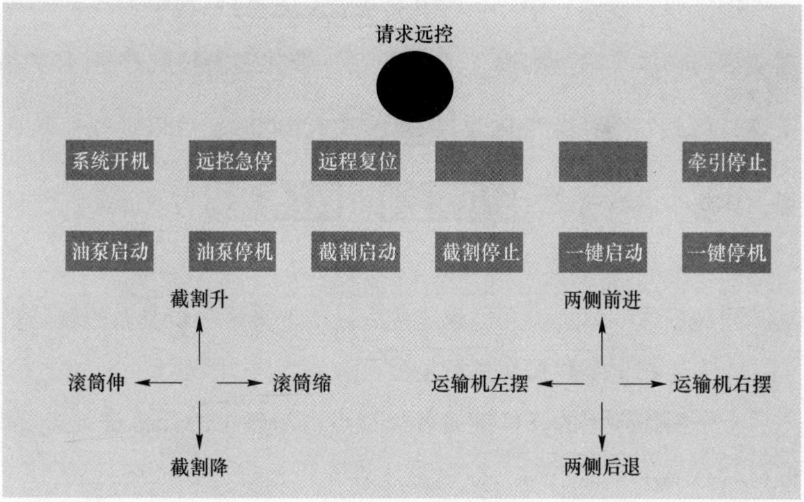

图2-8 集控台按键说明

图2-8中，左侧手柄：手柄向上推，截割上升；手柄向下推，

截割下降；手柄向左推，截割臂伸；手柄向右推，截割臂缩。右侧手柄：手柄向上推，掘锚一体机两侧前进，回到中间位置停止；手柄向下推，掘锚一体机两侧后退，回到中间位置停止；手柄向左推，掘锚一体机运输机左摆；手柄向右推，掘锚一体机运输机右摆。

启动组态程序时，会显示出对应的各个状态，第一个有两种情况：当掘锚一体机未打到远控模式，则为 非远控 状态显示，控制需要将掘锚一体机控制打到远控模式，此时状态会变化为 远控状态 ，此时可以进行远控请求操作。

请求远控还未转到右边时，状态显示为 未请求 ，此时将请求远控键向右旋转，图标会变化为 请求远控 ，在控制之前，还需要掘锚一体机调至掘进（或者采煤）模式，当打到掘进（或者采煤）模式，图标会变化为 采煤模式 ，此时就可以远程控制掘锚一体机了。当模式为 错误模式 或 锚钻模式 均不可操作。

2.2.4.3　开机及如何操作

当与掘锚一体机建立远程连接后，接下来第一步要做的就是复位，点击组态上复位按钮进行复位。

点击操作台上的开机键或者保持点击组态中的开机键 5 s，待开机状态显示为绿色时，掘锚一体机开机运行；开机运行后，5 s 之内开启油泵电机，点击操作台上油泵开或保持点击组态中油泵启动 5 s，待油泵电机为绿色时，油泵启动。

截割启动需要启动两次，第一次启动会显示 截割预警 ，此时处于预警状态，当预警完成之后，图标会变为 截割待启 ，这时再次按下截割启动后，才是截割启动，图标会转换为 截割启动 ，与此同时，按下截割关时，图标会转换为 截割停止 。

2.2.5　掘锚一体机 CMA 动作序列自动截割操作

掘锚一体机自动截割：

（1）送电，保证掘锚机供电正常。

（2）在掘锚机主控界面翻页找到输入密码界面，输入“9694”进入自动化参数设置界面（见图 2-9）。

（3）在自动化参数设置界面 2 列第 3 栏将割煤方式设置为一键截割。

（4）在自动化参数设置界面 2 列第 4 栏将 CMA 控制使能设置为使能，主界面会显示“序列表 0 使能”，并且底色为绿色。

（5）界面第二栏、第三栏设定顶底板高度。

（6）将遥控器“遥控操作”掰到向上的位置（切换此按键状态可以初始化 CMA 流程和对自动化故障进行复位）。

（7）将遥控器“遥控操作”掰到向上的位置（切换此按键状态可以初始化 CMA 流程和对自动化故障进行复位）。

（8）5 s 内连续掰下 2 次“油泵启动”按键启动 CMA 序列。

（9）系统将按照选择序列表设定的序列运行。

（10）掰下“截割停止”后电机将按照预定顺序进行停止，并且终止 CMA 流程。

自动化参数设置界面							
1.自动化参数组1		2.自动化参数组2		3.自动化参数组3		4.自动化参数组4	
1.顶板减速阈值	299 mm	1.设定顶板高度	3061 mm	1.顶板极限值	3730 mm	1.截割速率&截割最大值	90 %
2.底板减速阈值	300 mm	2.设定底板高度	183 mm	2.底板极限值	–575 mm	2.截割速率&截割最小值	55 %
3.顶板限制-临界	0 mm	3.割煤方式	一键切割	3.顶底分界线	1000 mm	3.截割速率&运输最大值	130 %
4.底板限制-临界	11 mm	4.CMA控制使能	使能	4.滚筒初始位置	1340 mm	4.截割速率&运输最小值	70%
5.减速方式	A	5.掏槽距离设定值	16 cm	5.截割臂检测时间	10 s	5.速度&截割电流	100 A
6.自动上切速度	75 %	6.自动牵引速度	10 Hz	6.截割臂检测距离	1 mm	6.掏槽触发截割电流	30 A
7.自动下切速度	75 %	7.行走距离减速阈值	11 cm			7.瓦斯浓度V截割升降	0.5 %
8.自动上切临界减速	10 %	8.行走速度减速比例	1.0			6.瓦斯浓度V掏槽速度	0.5 %
9.自动下切临界减速	5 %						
5.自动化参数组5		6.自动化参数组6		7.自动化参数组7		8.自动化参数组8	
1.User1_TargetValue	100	1.User1_TimeValue	1 s	1.序列表选择	0	1.远控&遥控器	不关联
2.User2_TargetValue	50	2.User2_TimeValue	5 s	2.序列循环次数	12		
3.User3_TargetValue	150	3.User3_TimeValue	1 s				
4.User4_TargetValue	1	4.User4_TimeValue	1 s				
5.User5_TargetValue	1	5.User5_TimeValue	1 s				
6.User6_TargetValue	1	6.User6_TimeValue	1 s				
7.User7_TargetValue	1	7.User7_TimeValue	1 s				
8.User8_TargetValue	1	8.User8_TimeValue	1 s	8.序列表初始化	完成		
				9.CMA参数初始化	完成		

图 2-9　自动化参数设置界面

集控中心一键截割操作步骤：

（1）在调整完掘锚一体机在本地自动截割模式下，输入“4321”进入如图2-9所示的参数设置界面，在6列第8栏将“远程控制使能”设置为“远控使能”，保存设置并退出（远程控制界面见图2-10）。

（2）将掘锚机电控箱备用旋钮调整为远控模式。

（3）在掘锚机调整为远控模式下，集控中心（登录）选择“管理员”输入密码ZLWMK，进入远控界面。

（4）点击“远控请求”，此时WinMIC将会向机器发送“心跳”，界面会显示绿色“远控请求”，如果通讯正常，“远控心跳”和“FB心跳”也会闪烁。

（5）按下“远控_复位”后#153远控急停故障消失，可以使用与遥控器相同的操作方式操作各个电机和电磁阀。

（6）一键切割功能。点击“一键切割未使能”激活一键切割功能，显示内容变为“一键切割使能”，底色变为绿色。再次点击“一键上切”或“一键下切”执行相应的功能。点击“解除顶底板限制”后截割臂将不受顶底板设置的限制。

（7）一键控制。点击“一键控制未使能”激活CMA动作序列控制功能，显示内容变为“一键控制使能”，此时点击“一键启动”或“一键停止”执行相应功能。

（8）5 s内点击2次“一键启动”，才可以启动一键截割流程。

2.2.6 安全注意事项

安全注意事项有：

（1）设备启动前，必须发出警报，确保危险区域内无人方可

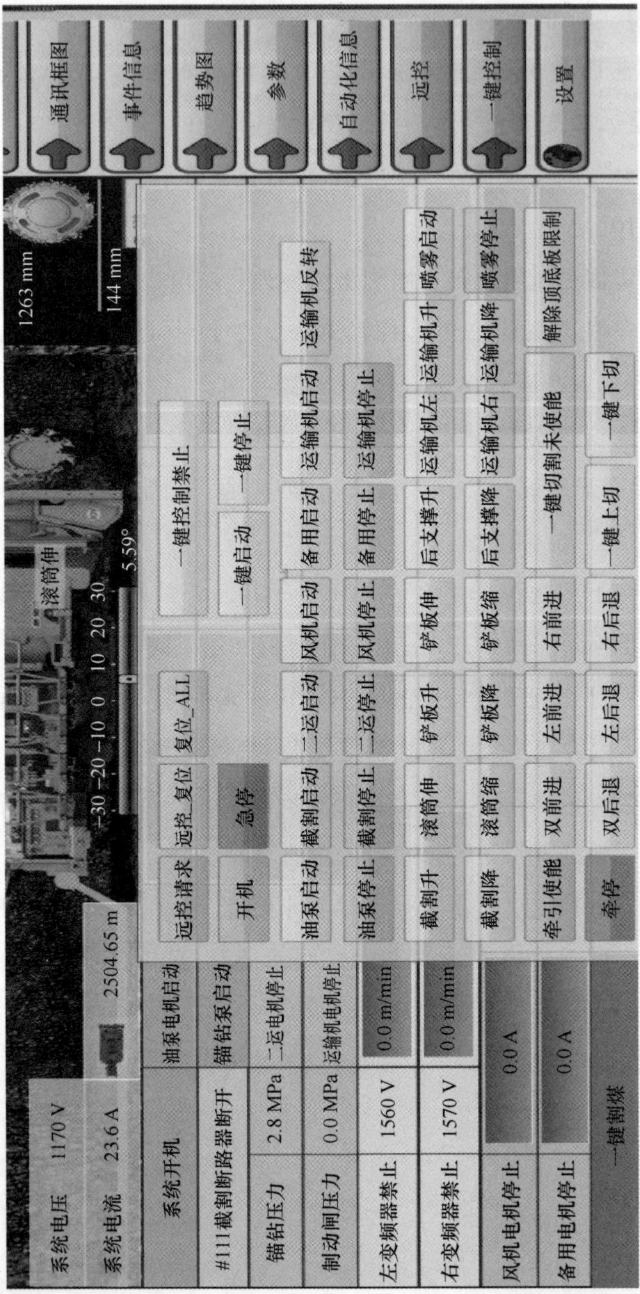
通讯框图
事件信息
趋势图
参数
自动化信息
远控
一键控制
设置
1263 mm
144 mm
滚筒伸
-30 -20 -10 0 10 20 30
5.59°
系统电压 1170 V
系统电流 23.6 A
2504.65 m
系统开机
油泵电机启动
#111截割断路器断开
锚钻泵启动
锚钻压力 2.8 MPa
二运电机停止
制动闸压力 0.0 MPa
运输机电机停止
左变频器禁止 1560 V
0.0 m/min
右变频器禁止 1570 V
0.0 m/min
风机电机停止 0.0 A
备用电机停止 0.0 A
一键割煤
远控请求
远控_复位
复位_ALL
一键控制禁止
开机
急停
一键启动
一键停止
油泵启动
截割启动
二运启动
风机启动
备用启动
运输机启动
运输机反转
油泵停止
截割停止
二运停止
风机停止
备用停止
运输机停止
截割升
滚筒伸
铲板升
铲板伸
后支撑升
运输机左
运输机升
喷雾启动
截割降
滚筒缩
铲板降
铲板缩
后支撑降
运输机右
运输机降
喷雾停止
牵引使能
双前进
左前进
右前进
一键切割未使能
解除顶底板限制
牵停
双后退
左后退
右后退
一键上切
一键下切

图 2-10　远程控制界面

启动设备，自动截割前人员撤离至安全地点。

（2）所有电控装置严禁带电开门，并安全接地，禁止在设备上连接临时性电缆，以免触电造成伤亡。

（3）液压系统的压力、恒功率等参数在出厂后禁止非专业人员随意调整。

（4）截割臂下严禁站人，自动截割期间掘锚一体机周围严禁留人。

（5）禁止跳上、跳下设备，禁止攀爬正在行走的设备。

（6）在没有真正切断设备电源情况下，不得进入电控箱内部进行任何操作或检修维护。不得使用急停开关断电。

（7）不得改变、拆除或旁路任何急停装置。

（8）拆开液压管路或接头之前，一定要先停机并释放系统压力，否则高压热油会造成严重伤害。

（9）严禁在仅靠液压千斤顶或油缸支撑的设备下方工作，无论其内部是否装有载荷锁定阀、安全支撑或油缸安全护套等安全装置。要用足够的垫块安全支撑设备或部件，或让设备落地。

（10）严禁用手指检查销孔的对中情况，部件移动将导致挤压、损伤或切断手指。

（11）机器在工作时，除司机外的所有人员必须远离机器，刮板机上方和尾部下方禁止站人。

（12）截割时若遇闷车现象，应立即脱离截割或停机，防止截割电机长期过载。

（13）工作过程中若遇到非正常声响、异常现象或紧急情况，应立即按下急停按钮，停机查明原因、排除故障后方可开机。

(14) 在操作机器工作时，若有电缆或油管被压，以防出现漏电或漏油现象，须立即停车并及时进行维修，严禁在漏油状态下工作。

(15) 设备停工、检修及交班时，必须将截割滚筒降至地面或在其下面放置垫块。

(16) 设备保养、修理工作绝不允许在危险的或是在无顶板支撑的环境中进行。

(17) 自动截割时，集控中心停电后，严格检查掘锚一体机是否正常停电。

(18) 自动截割时，程序错误或故障，立刻按急停闭锁停机。

2.3 胶带输送机司机岗位操作流程

2.3.1 岗位任职资格

胶带输送机司机必须经专门培训、考试合格后，取得本岗位操作资格证，持证上岗。胶带输送机司机操作、维修人员开机或维护前，必须事先阅读整机说明书，接受正规的培训，完全熟悉所有控制装置，具备机械、液压、电气系统的知识并持有上岗资格证。

皮带机结构图如图2-11所示。

2.3.2 操作流程

2.3.2.1 接班时

接班时必须做到：

图2-11 皮带机结构图

（1）必须佩戴齐全完备的劳动防护用品，持有效岗位资格证上岗；

（2）详细检查胶带输送机的备品备件、专用工器具的完好及存放情况；

（3）接班司机向上班了解设备运行情况及出现问题、处理措施和过程、遗留问题及本班应注意事项；

（4）与上班司机一起，在胶带机运行的情况下对胶带机头部运行状况进行全面检查，倾听设备运行是否有异常声响；

（5）在上班司机的配合下，认真对胶带机头（尾）50 m范围内进行检查。

2.3.2.2 开机前

开机前必须做到：

（1）检查机头各部紧固螺栓是否可靠、轴承是否完好，以及顶帮支护完好情况；

（2）司机站在胶带涨紧装置前，查看胶带储存仓内的胶带储存状况，检查涨紧跑车是否牢稳，拉紧滚筒上胶带是否跑偏；

（3）检查机头 50～100 m 范围内胶带托辊完整完好情况、胶带接头完整完好情况；

（4）逐一检查主电动机、驱动装置、胶带逆止（或制动闸）装置及联轴器的完好情况；

（5）逐一检查辅助设备及电动机的完好情况；

（6）检查冷却装置及冷却水是否正常；

（7）检查信号装置、语音通讯装置声音是否畅通、清晰明亮；

（8）检查各种胶带输送机保护装置完好情况；

（9）通过操作显示屏检查胶带机运行状态、参数选择是否正确，检查温度、压力、电流等参数显示是否正常；

（10）检查各部润滑油位是否符合要求等；

（11）对于直接搭接的胶带输送机，要检查前部胶带输送机机尾设施是否完好，以及转载点的落煤是否适宜；

（12）司机把各部的检查情况收集后，交接两班司机一起对设备进行试运行；

（13）使用电话或语音通讯装置联系各转载点工作人员，得到许可后，发出开机信号，接到各转载点回应信号，并在前部设备正常运行后，才能准备开机；

（14）开启冷却装置打开冷却水，开启机头喷雾装置，启动胶带输送机。

2.3.2.3 开机时

开机时必须做到：

（1）经常观察操作显示屏上各设备运行参数及设备上各指示仪表数值，倾听各部运转声音及查看各部油温、油位情况，运行过程中不得出现超温、过电流、超压、缺油等现象；

（2）经常观察冷却装置工作情况及冷却水流量是否正常；

（3）经常观察卸载点落煤情况是否正常；

（4）胶带运行过程中，要经常同各转载点及机尾工作人员进行联系，了解各转载点及机尾胶带的载荷、跑偏、摩擦及其他意外情况和浮煤清理情况。

2.3.2.4 停机时

停机时必须做到：

（1）正常情况下停机。胶带输送机在运行过程中，各转载点根据生产情况，需要停机时，接到各转载点回应信号，才能准备停机。

（2）紧急情况下停机。当胶带运行过程中发生紧急异常情况时，应立即停下胶带输送机，并汇报区队值班人员。待故障完全排除后方可按启动程序重新启动胶带输送机。

（3）故障停机。当胶带输送机运行过程中因故障停机时，应及时汇报区队值班人员接受处理措施及方法及时处理事故，待故障完全排除后方可按启动程序重新启动胶带输送机。

2.3.2.5 交班时

交班时必须做到：

（1）交接班时，如实反映胶带输送机运转状况及注意事项；

（2）配合接班人做好检查工作，及时处理接班人提出的问题。

2.3.2.6 上岗须知

岗位必知知识：

（1）熟知《煤矿安全规程》《煤矿矿井机电设备完好标准》《煤矿安全质量标准化标准及考核评级办法（试行）》等相关规定。

（2）熟知操作规程、岗位责任制和交接班制度。

（3）掌握本岗点设备的性能、结构、工作原理，能够进行日常维护、保养、一般故障处理。

（4）掌握本岗位危险源辨识知识与处理方法。

（5）熟悉矿井灾害预防与处理应急预案相关知识及避灾路线。

（6）熟悉皮带机各种保护原理并能够进行相应的试验。

1）防滑保护装置。防滑保护装置试验方法：一种是电感式防滑保护装置通过转动传感器方向，胶带输送机应能自动停机；另一种是使传感器远离滚筒，胶带输送机应能自动停机。防滑保护装置试验周期：应每天在检修期间试验一次，并填写试验记录。

2）堆煤保护。堆煤保护试验方法：胶带输送机正常运行时，人为地推动堆煤保护传感器触头，使保护动作以胶带输送机自动停机为正常。堆煤保护试验周期：应每天在检修期间试验一次，并填写试验记录。

3）跑偏保护。跑偏保护试验方法：带式输送机正常运行时，人为地推动跑偏传感器的滚动导杆，使限位开关动作以能自动停机为正常。跑偏保护试验周期：应每天在检修期间试验一次，并填写试验记录。

4）温度保护装置。温度保护传感器应由使用单位每天检查一次，每3个月更换一次。更换时，使用单位要提前到机电管理科领用合格的传感器，下井更换后的旧传感器应及时交由机电管理科试验。

5）烟雾保护装置。烟雾传感器每天检查一次，每月更换一次。使用单位要提前到机电管理科领用合格的烟雾传感器，下井更换旧烟雾传感器交由机电管理科试验。

6）自动洒水装置。自动洒水装置试验方法：在胶带机正常运行时，人为松动易熔棒拉紧绳后，洒水装置喷头均能喷水，并且断电停机为正常。自动洒水装置试验周期：应每天在检修期间试验一次，并填写试验记录。

7）纵向撕裂保护装置。纵向撕裂保护装置试验方法：在输送机停机状态下，对纵向撕裂保护装置用力按压，使保护动作以胶带输送机自动停机为正常。

（7）熟知本岗点供电系统、煤流运输系统。

（8）掌握自救互救知识，并会实际操作。

（9）能正确使用保险带、灭火器。

2.3.3 胶带输送机开停机步骤

胶带输送机开机步骤：

（1）操作人员在设备试运行正常后，开启冷却装置打开冷却水，打开机头的喷雾灭尘装置；

（2）使用电话或语音通讯装置联系各转载点工作人员，得到许可后，发出开机信号，接到各转载点回应信号，并在前部设备正常运行后，方能准备开机；

（3）操作启动按钮（按下皮带编号按钮），启动胶带输送机。

KT101 开关控制图如图 2-12 所示。

胶带输送机停机步骤：

（1）正常情况下停机（按下皮带编号按钮）。胶带输送机在运行过程中，各转载点根据生产情况，需要停机时，接到各转载点回应信号，才能准备停机。

图 2-12　KT101 开关控制图

（2）紧急情况下停机。当胶带运行过程中发生紧急异常情况时，应立即停下胶带输送机（按下闭锁按钮），并汇报区队值班人员（KT101 开关急停按钮位置见图 2-13）。待故障完全排除后方可按启动程序重新启动胶带输送机。

（3）故障停机。当胶带输送机运行过程中因故障停机时，应及时汇报区队值班人员接受处理措施及方法及时处理事故，待故障完全排除后方可按启动程序重新启动胶带输送机。

2.3.4　安全注意事项

安全注意事项：

（1）经过专门培训并获得合格证的人员方可持证操作。

（2）所有保护装置，如跑偏、低速、煤位、信号闭锁系统，

图 2-13 KT101 开关急停按钮位置

制动系统均应正确使用，且灵敏可靠。

（3）使用具有灵敏可靠的超温洒水、烟雾报警系统。

（4）禁止超负荷运转。

（5）禁止任何人员在任何情况下乘坐皮带。在人员跨越处设有过桥。

（6）对违章指挥，司机有权拒绝执行。

（7）装置在使用和维修过程中不得更改本安电路和与本安电路有关的元器件的型号规格及参数。

（8）井下有瓦斯爆炸危险的场所检修本产品时，禁止用非防爆仪表进行测量或用电烙铁检修，检修时及时切断前级电源；在非危险场所安装的本产品的关联设备，检修时必须切断接到危险场所的本质安全型电路的接线。

（9）防爆产品严禁带电开盖！注意防止失爆。

（10）运行中的装置应定期检查保护电路的整定值和动作可靠性。

（11）对隔爆结合面的锈蚀应及时清理，老化的密封圈也应及时换成新的合格密封圈。

（12）严禁更改本产品配置表中的设备，不得随意与其他未经联检的设备连接。

（13）装置在使用过程中须根据《煤矿安全规程》的要求定期进行检查，如按钮的完整情况，汉字显示是否正常，传感器工作是否正常等，防爆箱隔爆面应定期进行维护。

（14）一般每年进行一次彻底检验。

（15）如果发现有问题应及时进行维修，严禁装置设备带故障使用。

（16）装置内设备经过长期闲置后再次使用时，一定要在地面打开调试好以后才能下井安装使用。

2.4　机电维修工岗位操作流程

2.4.1　岗位任职资格

机电维修工必须经专门培训、考试合格后，取得本岗位操作资格证，开关操作、维修人员开盖或维护前，必须事先了解开关相关参数并阅读说明书，接受正规的培训，具备电气系统的知识并持有上岗资格证。

QJZ2-120 型真空电磁启动器开关如图 2-14 所示。

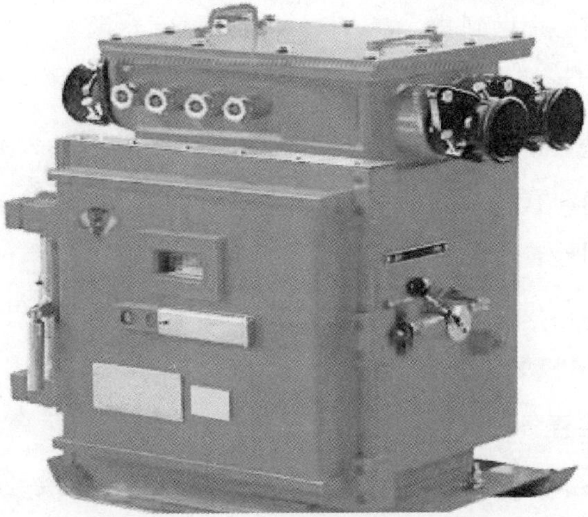

图 2-14 QJZ2-120 型真空电磁启动器开关

2.4.2 操作流程

2.4.2.1 接班时

接班时必须做到：

（1）根据班前安排，准备好材料、配件、工具、测试仪表及工作中应用的其他工具，按规定路线准时进入接班地点；

（2）向上班检修工询问上一班中电气设备的工作状况和遗留问题，并查看各设备的运行记录；

（3）对电气设备、电缆及小型电器进行一次全面现场检查，并对电气设备试运转，查明存在问题；

（4）对查明的问题提出处理意见，并向本班班长或值班人员汇报后进行处理；

（5）履行交接班手续。

2.4.2.2 工作前

工作前必须做到：

（1）根据检修需要，备好材料、工具测试仪表及工作中应用的其他工具，穿戴的绝缘靴和绝缘手套、绝缘用具必须经耐压试验并且合格。在工作面正常生产时，应对电气设备及主要机械部件进行巡回检查。

（2）对所辖电气设备进行全面防爆、完好检查，检查进线电源接头有无松动、发热现象。

（3）检查各种仪表、指示灯是否正确指示。

（4）检查各按钮、手柄是否完好，动作是否灵敏可靠。

（5）检查接地装置是否完好，并符合规定。

（6）检查操作机构、闭锁机构是否灵活、完好。

（7）检查漏电保护动作是否灵敏可靠，过载和短路等整定值是否正确。

（8）检查电气设备附近巷道的安全情况，安装地点无淋水，如不能避开淋水时，应妥善遮盖。

（9）检查电缆的悬挂及连接是否符合规定，有无明接头和破皮现象。

（10）检查电机：倾听电机运行声音是否正常。有无超温异常现象，注意电机风扇护罩处有无煤矸堆积，堵塞风道。

2.4.2.3 工作中

工作中必须做到：

（1）电气设备检修：

1）断开所检修电气设备的电源，拉开隔离开关手柄，并闭锁，挂“有人工作，禁止合闸”标志牌（见图2-15）。

图 2-15 停电牌悬挂位置示意图

2）断开与所检修电气设备相关设备的电源，防止向被检修的设备反送电，检修高压设备时，必须执行停送电制度，切断前一级开关电源后再进行工作。

3）停电后用与验电电压相适应的验电笔进行验电。验电时，绝缘棒的验电部位应逐渐接近导体，听其有无放电声音，确定线路是否有电压，验电顺序为先验低压，后验高压。验电、放电接线示意图如图 2-16 所示。

4）对所要检修的电气设备进行详细的外观检查，确定设备的故障点，按组装的相反顺序拆卸损坏部件及相关部件。需要在电气设备放置机架上作业时，要平稳。

5）在检修开关时，不准任意改动原设备上的端子位序和标记，要保护好隔爆面。当开关腔内有煤尘、水汽、金属屑、棉纱等异物时，检修中要认真清理，检修完毕后，必须将隔爆面用干

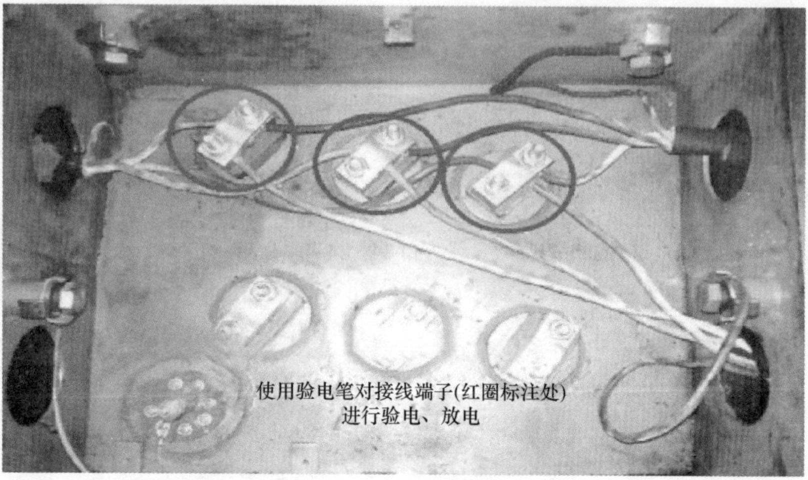

图 2-16　验电、放电接线示意图

净棉纱沾松节油擦净，有锈迹时应用砂布打平打亮，然后均匀涂抹一层凡士林油。

6）关上开关门，将闭锁机构锁定，紧固螺栓时要对称，均匀用力，并压平弹簧垫。

7）当检修完毕后，必须利用机壳上的试验开关，对保护电路、控制电路、信号电路及各种保护进行一次全面检查，确认一切正常后方可试运行。

8）送电顺序，取下“有人工作，严禁送电”标志牌→解除高压开关闭锁→合上高压开关隔离→合上高压开关真空断路器→解除低压总开关闭锁→合上低压总开关隔离→合上总开关真空断路器→解除分开关闭锁→合上分开关真空开关→挂送电标志牌，停电顺序与之相反（低压操作时不涉及高压操作步骤）。

9）高低压送电前，必须确认送电线路及开关无人作业，送电空试开关，检查各仪表指示是否正常，送电时动作要快速、准确，严禁动作过猛，以防损坏设备。空试无误后，带负荷运转注意各电气参数变化和运行声响。

（2）电气保护测试维修：

1）摇测接地电阻，用摇表测试接地电阻，必须符合下列要求：接地网上任一保护接地点测的接地电阻值不得超过2 Ω，每一移动式和手持式电气设备同接地网之间的保护接地电缆芯线，电阻值都不超过1 Ω，当接地电阻值达不到要求时，应检查处理接地连接导线和接地连接及螺栓，必要时，重新装设，更换接地极，使其阻值符合要求。

2）检查局部接地极。局部接地极不小于0.6 m^2，厚度不小于3 mm，钢板或用等效面积的钢管制成，也可用直径3.5 mm、长度不小于1.5 m的钢管制成，管上钻20个直径不小于5 mm的透眼，并垂直埋入地下；也可用直径不小于22 mm、长度为1 m的两根钢管制成，每根管子上应钻10个直径不小于5 mm的透孔，两根钢管相距不得小于5 m，并联后垂直埋入底板，垂直埋深不得小于0.75 m。

3）连接主接地极的接地母线应用不小于50 mm^2 的铜线；100 mm^2 的镀锌铁线或100 mm^2、4 mm厚的镀锌扁钢。

4）电气设备的外壳同接地母线或局部接地板的连接应用截面不小于25 mm^2 的铜线或50 mm^2 的镀锌铁线，呈不小于50 mm^2、4 mm厚的扁钢。

5）高低压开关的继电保护整定值，按机电科下达的整定值通知单整定，并修改设备标志牌粘于各开关外侧。

（3）馈电开关维护。馈电开关各转动轴及摩擦部分，必须定期涂加润滑油，外壳隔爆面应防止碰撞损伤和锈蚀，馈电开关发生短路电流后，应对触头和灭弧罩进行检查，并修锉平整。如果触头和灭弧罩烧损严重，应进行更换。

（4）电机维护。维修电动机先要清除电机上的煤粉及周围杂物，保持清洁，检查盖板、接线盒、防爆面等各部位的紧固螺栓，垫圈是否齐全、完好、紧固，防爆性能是否良好，保持电缆与进线口固定牢固，接线良好。

（5）电缆维护：

1）电缆应悬挂整齐，不得落地和浸水，使用中的电缆不准堆放或盘圈，工作面中的电缆，要在电缆槽中保护好（拖拽中要注意检查维护），同时，应定期检测电缆的绝缘电阻值。连接电缆和电气设备进出线时，严禁出现不合格接头和失爆现象。

2）主要设备的电缆检查。检查掘进机拖移电缆夹是否齐全，连接是否良好、电缆拖移是否顺利，有无拌、卡、压及煤矸冲压现象；检查输送机电缆敷设是否整齐，检查各转载点操作电缆，信号电缆是否吊挂整齐，长度适宜，电缆有无明接头和破皮等现象。

（6）故障处理：

1）电子组件出现故障后，维修要小心谨慎，先弄清电路的原理，再根据故障情况分析原因，不得随意拆卸。

2）电机过载时，开关或变电站过载指示灯亮，此时检查电机温升是否过高，必须查清过载原因并采取相应措施。如电机温升过高，应等电机冷却后，按动开关复位按钮重新送电开机，然后观察运行情况，分析原因、发现问题及时处理汇报。

3）因控制系统故障造成开关不动作，开关指示灯不显示故障状态，此时可将开关手把打至试验位置，转动试验旋钮分别检查控制系统各部分，然后打开开关大盖进行检修。

4）开关或变电站漏电指示灯亮，此时可按动复位按钮重新送电，然后分别启动支路所控制的电机，根据情况确定故障范围，然后将故障支路停电，打开开关接线腔和电机接线腔，将线头甩开，分别摇测电机绕组、电缆各相对地的绝缘值，逐步缩小故障范围，确定故障地点，采取措施及时处理汇报。

5）发生短路故障后，开关或变电站短路指示灯亮，同时短路点一般会受到明显损坏，此时应立即停电闭锁开关变电站，检查短路点破坏情况，分析短路原因并向上汇报。

6）短路原因排除后，必须认真检查开关和变电站接触器主触头是否烧坏，根据损坏程度采用打磨或更换方法进行处理后，方可送电。

2.4.2.4 交班时

交班时必须做到：

（1）交班前，班长再对工作面所有电气设备进行一次自查，查明存在问题，并做好记录；

（2）向接班人汇报本班工作情况；

（3）协助接班人现场检查；

（4）对遗留问题，落实责任向上汇报；

（5）履行交接手续。

2.4.2.5 上岗须知

岗位必知知识：

（1）井下不得带电检修、搬迁电气设备、电缆和电线。检修或搬迁前，必须切断电源，检查瓦斯，在其巷道风流中瓦斯浓度低于 1.0% 时，再用与电源电压相适应的验电笔检验；检验无电后，方可进行导体对地放电。所有开关的闭锁装置必须能可靠地防止擅自送电，防止擅自开盖操作，开关把手在切断电源时必须闭锁，并悬挂“有人工作，不准送电”字样的警示牌，只有执行这项工作的人员才有权取下此牌送电。

（2）操作井下高压电气设备主回路时，操作人员必须戴绝缘手套，并穿电工绝缘靴或站在绝缘台上；手持式电气设备的操作手柄和工作中必须接触的部分必须有良好绝缘。

（3）井下低压馈电线上，必须装设检漏保护装置，每天必须对低压检漏装置的运行情况进行 1 次跳闸试验。

（4）硐室不应有滴水。硐室的过道应保持畅通，严禁存放无关的设备和物件。硐室内必须悬挂与实际相符的供电系统图。硐室内有高压电气设备时，硐室内的设备必须分别编号，标明用途。

（5）电气设备的检查、维护和调整，必须由电气维修工进行。高压电气设备的修理和调整工作，应有工作票和施工措施。

（6）在一经合闸即可送电到工作地点的断路器（开关）和隔离开关（刀闸）的操作把手上，均应悬挂“有人工作，不准送电”的标示牌。

（7）10 kV 及以下设备不停电时的安全距离为 0.70 m。

（8）电压在 36 V 以上和由于绝缘损坏可能带有危险电压的电气设备的金属外壳、构架，铠装电缆的钢带（或钢丝）、铅皮或屏蔽护套等必须有保护接地。所有电气设备的保护接地装置（包括电缆的铠装、铅皮、接地芯线）和局部接地装置，应与主接地极连接成 1 个总接地网。

(9) 停电操作严格按照先负荷后电源，先断路器后隔离开关的顺序由下到上逐级进行。送电操作严格按照先电源后负荷，先隔离开关后断路器的顺序由上到下逐级进行。

(10) 电气设备停电后（包括事故停电），在未拉开有关隔离开关（刀闸）和做好安全措施前，不得触及电气设备，以防突然来电。操作后的位置检查应以设备实际位置为准，无法看到实际位置时，可通过设备机械位置指示、电气指示、仪表及各种遥测、遥信信号的变化，且至少应有两个及以上指示已同时发生对应变化，才能确认该设备已操作到位。

(11) 电气设备不应超过额定值运行。

(12) 使用验电笔前，应先进行自检，以确定验电笔良好；使用验电笔时应穿绝缘靴，戴绝缘手套，握验电笔手柄的最前一只手不能超越护柄。

(13) 电气设备隔爆结合面的同一部位螺栓、螺母等规格应一致。螺母必须上满扣，使用的弹簧垫圈与螺栓相同规格，紧固程度以压平为合格。

(14) 隔爆设备的电缆引入装置，出现下列情况之一者为失爆：

1) 密封圈内径大于引入电缆外径超过 1 mm；

2) 密封圈的单孔内穿进多根电缆时；

3) 将密封圈割开套在电缆上的，密封圈部分破损；

4) 密封圈的硬度达不到邵氏硬度 45 ~ 55 度的要求，老化失去弹性、变质、变形，有效尺寸配合间隙达不到要求，起不到密封作用的；

5) 密封圈两个大小套用的或两个都不合格的密封圈并用的；

6）密封圈没有完全套在电缆护套上的，密封圈与电缆护套之间有其他包扎物的；

7）一个进线嘴内多个密封圈的，不用的进线嘴缺少密封圈或密封圈不合格的；

8）空闲进线嘴没有密封挡板时，挡板直径比进线嘴内径小 2 mm 以上，挡板绝对厚度小于 1.82 mm（标准 YB-176-63 公称厚度为 2 mm，厚度允许差为 ±0.18 mm）；

9）挡板放在密封圈里边的，压盘式进线嘴或螺母进线嘴金属圈放在挡板与密封圈之间的；

10）进线嘴压紧后，没有余量或线嘴内缘压不紧密封圈或密封圈端面与器壁接触不严或密封圈能活动的；

11）压盘式进线嘴缺压紧螺栓或压紧螺栓未上紧的；

12）螺母式进线嘴因乱扣、锈蚀等紧不到位或用一只手的手指能使压紧螺母旋进超过半圈的；

13）使用压紧螺母式进线嘴时，在螺母与密封圈之间缺少金属垫圈的；

14）电缆在进线嘴处能轻易来回抽动的（电缆紧固程度合格与其判别方法：顺着电缆方向以用手不能将电缆推进接线室为合格）；

15）高压铠装电缆终端接线盒没有灌绝缘胶，绝缘胶有灌到电缆终端分叉口以上，绝缘胶裂纹而能相对活动的；

16）备用的高压接线盒缺挡板或挡板不合格的。

（15）熟悉变电所供电系统图和运行方式。

（16）能熟练操作变电所内电气设备。

（17）掌握自救器的使用方法和电气防火及触电急救知识。

2.4.3 安全注意事项

安全注意事项：

(1) 维修电工必须熟知《煤矿安全规程》《煤矿机电设备完好标准》《煤矿机电设备检修质量标准》《三大保护细则》及《电气设备防爆标准》中的有关规定和标准。

(2) 维修电工应熟悉矿井巷道布置，了解作业地点的瓦斯浓度，熟悉在灾害情况下的停电顺序及人员撤离路线。下井工作必须佩戴瓦斯便携仪。

(3) 电气设备停送电操作，必须填写工作票。

(4) 在井下电气设备上工作，严禁带电作业。井下电气设备在检查、维修、搬移时应不少于两人协同工作，相互监护。检修前必须首先检测瓦斯浓度在1%以下时，方可切断电源，经验电确认已停电后再放电，装设接地线，操作手把上挂“有人工作，禁止合闸”警示牌后，才允许检修电气设备。

(5) 在同一馈电开关控制的系统中有两个及以上多点同时作业时，要分别悬挂“有人工作、严禁送电”的标志牌，并应有一个总负责人负责联络、协调各相关环节的工作进度。工作结束后，恢复送电前，必须由专人逐点检查，全部完工并各自摘掉自己的停电标志牌后，方可送电。严禁约定时间送电。

2.5 探放水工岗位操作流程

2.5.1 岗位任职资格

探放水工必须经专门培训、考试合格后，取得本岗位操作资格证，持证上岗。

2.5.2　操作流程

CMS1-2200/45 煤矿用深孔钻车操作台各功能阀示意图如图 2-17 所示，探放水工岗位具体操作流程如下。

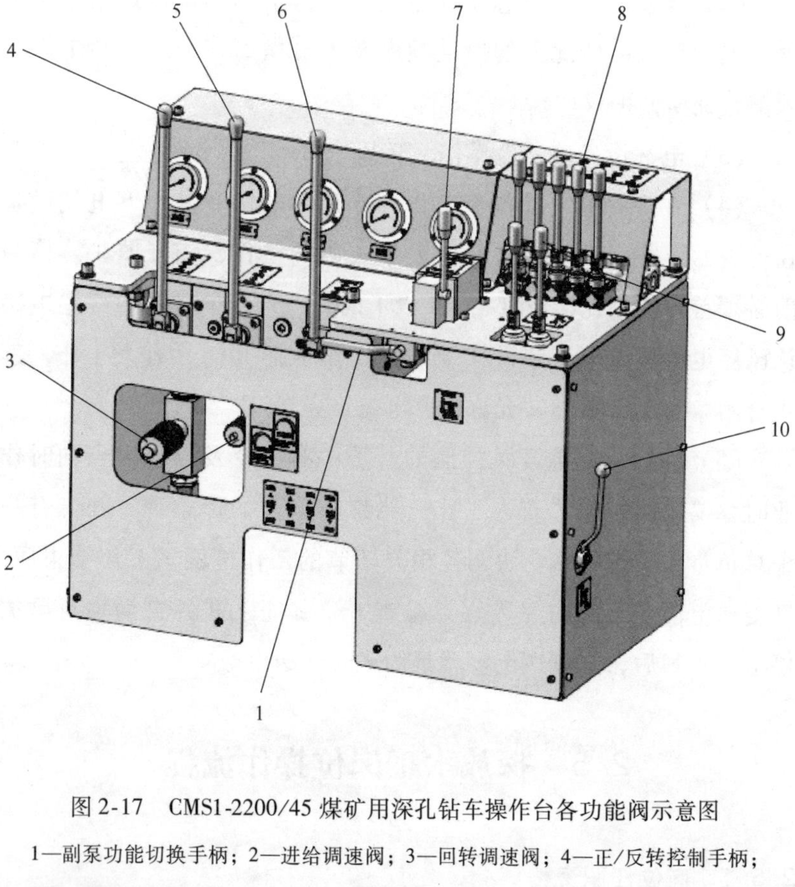

图 2-17　CMS1-2200/45 煤矿用深孔钻车操作台各功能阀示意图

1—副泵功能切换手柄；2—进给调速阀；3—回转调速阀；4—正/反转控制手柄；5—进给/起拔控制手柄；6—下钻/起钻联动手柄；7—夹持器闭合/打开控制手柄；8—辅助动作控制手柄；9—履带行走控制手柄；10—主泵功能切换手柄

（1）开机前的准备。

1）通过往位于油箱上的空气滤清器滤网向油箱内加注清洁的N46或N68（环境温度高选取高标号）抗磨液压油，钻机正常工作后，油面应超过油位指示计的中上部约2/3处。

2）检查钻机各部分的紧固件是否牢固。

3）给需要润滑的部位加注润滑油或润滑脂。

4）检查各操作手柄均置于中位，调压阀、节流阀调至压力最小位置。

5）注意事项：

① 为保证回转器齿轮、轴承及配油套的润滑，在初次使用前应通过回转器后盖上的回油口往箱体内注入液压油，油面应与回油口的高度相同；

② 为防止泵的磨损，初次使用前及拆卸重新安装后应通过泵的泄油管注入液压油。

（2）启动。

1）接通电源，试转电机（点动），注意其转向是否与油泵的要求转向一致（右旋）。

2）启动电机，观察油泵是否正常运转（应无异常声响，操纵台上的回油压力表应有指示），检查各部件有无渗漏油现象。

3）使油泵空载运转3～5 min后再进行操作。如油温过低，空转时间应加长，待油温升高至20 ℃左右时，方可调大排量进行工作。

（3）试运转。

1）油马达正转、反转双向试验，运转应平稳、无杂音，最低转速时系统压力表读数不大于4 MPa（主泵不超过6 MPa）。

2）反复试验回转器的前进、后退，以排除给进油缸中的空气，直到运转平稳为止，此时系统压力不应超过2.5 MPa。

3）试验卡盘、夹持器，开闭要灵活，动作要可靠。

4）试验履带钻车车体的前进和后退，确保其运转平稳，无卡滞现象。

5）在以上各项试运转过程中，各部分应无漏油现象，如发现应及时排除。

（4）车体稳固与机身调角。

1）将稳固车体处地面处理平整。

2）调整好车体位置后，扳动副泵切换手柄至辅助动作位，操作辅助动作控制阀手柄中控制立柱顶紧/回落的手柄，将上支撑油缸伸出，使左右立柱内套筒伸出顶紧巷道顶板（必要时可在左右立柱上拧接加长杆），操作操作台中间下方位置的控制下顶紧油缸的四联阀，依次将四根油缸伸出，辅助支撑底板稳固好整机。

3）按钻孔要求调整整机±90°倾角。

4）注意事项：

① 当巷道顶板或底面不平整时，应先根据钻孔要求调整好回转器导轨的高度，再将左右立柱顶紧顶板，辅助支撑顶紧底板。当垂直打钻时须将导轨升至最高位置，方可调整角度。

② 为了确保钻机打钻时的稳定性，钻车前后必须根据实际情况增加必要的辅助支撑，并使辅助支撑顶紧巷道煤壁，确保钻机钻进前不窜动，巷顶斜度较大时，需对巷顶进行预处理。

③ 在处理孔内事故需要进行强力起拔时，必须将给进机身前端可靠地顶紧在巷道煤壁上。

④ 每个班次开钻前需检查左右立柱，如有松动需重新加压

顶紧。

⑤ 水平或竖直调角时，时刻观察胶管，必要时用手拖拽胶管，防止胶管剐蹭。

⑥ 导轨位置调整好后，开钻前必须将两端的立柱抱瓦用螺栓锁紧。

(5) 开孔。

1) 从回转器后端插入一根钻杆，穿过卡盘，顶在夹持器端面上（因此时夹持器闭合，不能穿入）。若因卡盘卡瓦在回油压力的作用下闭合，钻杆不能插入卡盘，可关掉电机，待卡盘自动松开，穿过钻杆后，再重新启动电机。

2) 将起下钻功能转换手把放置后位（即“下钻联动”位），将正反转控制手柄推至“正转”位，再向前推给进起拔手把至“给进”位，待钻头移动到机身前极限位置后，夹持器自动张开，此时可使钻杆通过夹持器，将给进起拔手把扳回“中位”。在夹持器前方人工拧上钻头。

3) 在钻杆末端接上小水便（送水器），并启动泥浆泵送入冲洗液。

4) 小水便与油箱冷却用水应分两路，单独供水，单独控制。待两者出水正常后开孔钻进。

(6) 钻进。

1) 开动泥浆泵向孔内送入冲洗液。待孔口见到返水后按如下程序操作：将多路阀上的联动手柄推至“下钻联动”位，将马达正反转手柄推至“正转”位，此时回转器正转，夹持器打开（注意：由于液压系统有延时，夹持器打开反应迟钝，因此操作马达正反转手柄至“正转”位时，可缓慢推至夹持器完全打开后将手柄完全推到位)，之后操作进给/起拔手柄至“进给”位，此时开始正常钻进（刃孔时进给速度尽量放慢，防止钻偏)。

2）注意事项：

① 在钻进过程中要随时注意观察各压力表的读数变化，发现异常情况及时处理；

② 钻机在钻进过程中，严禁在夹持器打开的情况下反转回转器，以防止发生掉钻事故；

③ 钻进过程中必须先回转，然后再给进，严禁先给进再回转；

④ 在回转转矩较小、系统压力较低时，夹转联动状态下夹持器不能充分打开，卡瓦与钻杆易发生摩擦，因此从保护钻杆的角度考虑，尽管这种操作比较简单，不要使用夹转联动功能。

（7）倒杆。

1）首先将进给/起拔手柄放置“中位”，再将马达正反转手柄放置“中位”。然后将进给回退手柄放置“起拔”位。此时夹持器夹紧钻杆，液压卡盘松开钻杆，回转器快速后退。

2）注意事项：液压系统延时会造成夹持器和液压卡盘动作不太协调，需重复多次操作。

（8）加杆。

1）将主阀上的马达正反转手柄置于“中位”，进给/起拔手柄置于“中位”，联动手柄置于“下钻联动”位。将小水便拆下，加上钻杆后，将小水便拧到最后1根钻杆上。重复“钻进—倒杆—加杆”操作即可。

2）注意事项：接钻杆过程中必须人工先拧上螺纹，再用回转器拧紧，以免损坏螺纹。

（9）停钻。将主阀上的所有操作手柄都置于“中位”。

（10）起钻。将多路阀上的联动手柄推至“起钻联动”位，将马达正反转手柄推至“正转”位，之后操作进给/起拔手柄至“起拔”位，此时回转器正转，液压卡盘夹紧，夹持器打开，将钻杆拔出（注意：由于液压系统有延时，夹持器打开反应迟钝，至夹持器完全打开后将手柄完全推到位），卸钻杆时回转器不能后退到极限位置，须留 70 mm 以上的空位，使回转器能在卸扣过程中随着丝扣的脱开而自动后退，否则会造成钻机或钻杆螺纹的损坏。到位后将进给/起拔手柄置于“中位”，将马达控制手柄置于“反转”位，卸扣，为避免钻杆螺纹损坏，用回转器拧松钻杆即可，剩余部分仍用人工卸出。

（11）钻机的维护保养。

1）应使用规定标号的液压油，如果没有液压油而以相同黏度的机械油作代用品时，将有损液压件的使用寿命。

2）初次加油时，应认真清洗油箱，所加液压油必须用空气滤清器的滤网过滤。

3）未经许可，井下不能随便打开油箱盖和拆卸液压元件，以免脏物混入系统。

4）使用中经常检查油面高低，发现油量不足应通过空气滤清器滤网加油。

5）回油压力超过 0.6 MPa 或钻机连续使用达 3 个月时，必须清洗或更换回油滤油器滤芯。

6）定期检查液压油的污染和老化程度（可采用与新油相比较的方法）。如发现颜色暗黑浑浊发臭（老化）或明显浑浊呈乳白色（混入水分），则应全部更换。

7）开动钻机以前或连续工作一段时间以后，应注意检查油温。通常油温在 10 ℃以下时，要进行空负荷运转以提高油温；若油温超过 55 ℃则应使用冷却器降温，冷却水压力不得超过 1.0 MPa。

8）机身导轨表面应在每次起下钻前加注润滑油 1 次；在夹持器座下部的滑轨应经常加注润滑油。

9）要经常用高压水冲洗主机和夹持器卡瓦之间的缝隙，以清除岩粉。

（12）履带的维护保养。

1）履带链轨的寿命往往取决于履带的张紧程度是否合适，因此要常检查上部履带的下垂度。检查的方法是：先把履带清扫干净，把一木楔放在从动轮后上方，然后开动行走履带挤压木楔，这样履带接地的一侧即被张紧，上部松弛的部分下挠，即可用直尺测量下垂度，正常下垂度一般是 40～60 mm。

2）履带张紧装置由油缸、张紧弹簧组成。张紧的方法是：用高压油枪将锂基润滑脂从注油嘴注入油缸，推动活塞，在通过张紧横梁推动从动轮移动实现履带紧张。当需要松弛时，缓慢逆时针方向旋转注油阀使之松开，润滑脂将从排油口排出。

3）注意事项：

① 如果左右两侧履带下垂度不同，履带行走时会跑偏；

② 支重轮采用浮动油封密封，润滑油采用工业齿轮油。转动时一端密封环不动，另一端密封环随轮转动，借助 O 形圈的张力，使两浮动环端面压紧实现密封。

2.5.3　安全注意事项

安全注意事项：

（1）钻车以液压为动力，使用时工作压力不得超调。

（2）钻车启动前，液压卡盘必须装入钻杆，不允许不穿钻杆回转。

（3）钻车连接的液压软管应符合煤炭行业标准的规定，应使用具有矿用产品安全标志准用证的液压软管。液压软管连接应牢固、可靠，严防接头突然松脱或软管突然爆裂造成人员伤亡事故。

（4）钻车在钻进作业时，要随时注意观测顶板及围岩状况，防止顶板突然局部冒落或碎石下落、片帮等砸伤操作人员。

（5）钻车回转转矩较大，反力矩需要机体承担，操作人员应使立柱牢固地支撑在巷顶上，并在工作中集中精力，防止因钻车转矩突然增大时发生机体构件“击人”等人身事故。钻车钻孔过程中，严禁手扶钻杆，并应时刻防止钻杆卷伤手臂等意外事故发生。

（6）钻车钻孔过程中，注意推进力适当，严禁使钻杆在弯曲状态下工作，防止钻杆突然断裂或更换钻杆操作不当造成钻杆从钻孔中脱出而砸伤操作人员。

（7）钻车工作位置转移时，应缓慢开启、关闭，调整换向阀手柄，严禁突然启动，防止主机突然前进时划伤操作人员、突然后退时碰伤或夹伤操作人员。

（8）钻车液压系统的工作介质采用矿物油，工作油温不得超过65 ℃。为防止因使用矿物油而引起火灾，严禁液压系统在渗漏状态下工作，对渗漏在井下工作场所的矿物油，应及时清理或掩埋。钻车液压泵站采用矿物油介质，不应在采空区等场所使用。

（9）两人以上操作或移动钻车时，要注意互相协调，严防操作不当造成人员伤害。

（10）钻车行走、回转或角度调整过程中，必须3人以上协调工作，时刻观察胶管，严禁出现胶管的剐蹭或缠绕等情况。

2.6　防爆装载机司机岗位操作流程

2.6.1　岗位任职资格

岗位任职资格：

（1）驾驶人员必须持有国家颁发C1及以上有效驾驶证件，并经过培训取得培训合格证后上岗。

（2）驾驶人员必须严格遵守国家交通法规、煤矿“三大规程”以及相关规定。

（3）驾驶人员必须保持良好的精神状态，入井前必须佩戴合格的劳动防护用品（安全帽、工作服、安全靴、矿灯、自救器、护目镜等）和携带氧气、甲烷、一氧化碳便携仪、定位卡。

（4）驾驶员必须熟悉所驾驶车辆的结构、性能、工作原理，入井前必须对所驾车辆按照点检要求进行自检，严禁不完好车辆入井。

（5）驾驶员必须熟练掌握所驾车型的应急处置方案、矿井辅助运输路线、避灾路线、CO传感器安设点。

（6）车辆应有专人负责，不得委托无证人员驾驶。

2.6.2　操作流程

2.6.2.1　*启动前*

启动前的检查：

（1）检查机油、柴油、变速箱油、液压油、冷却液和水位是否正常，具体内容如下：发动机机油油面要求在油标尺刻度线范围内；燃油箱油量应充足；液压油箱油面保持在上油位孔附近；水散热器、废气处理系统及补水箱水量应加满。

（2）打开储气罐放水阀排出水分后再拧紧。

（3）检查进气软管有无破损、松脱现象。

（4）检查制动油管、制动器、波纹管是否漏液。

（5）检查前后桥固定螺栓，各连接部位螺栓、螺母是否有松脱或断裂现象。

（6）检查各铰接部位润滑是否到位、连接是否可靠、配合间隙是否符合要求。

（7）检查大小臂是否有疲劳、变形、裂纹等情况。

（8）检查轮胎气压（0.4 MPa）及磨损量是否超标、上下车爬梯是否可靠、铲刃板磨损量是否超标、铲牙是否缺失、铲斗是否开裂变形。

（9）检查发电机皮带是否完好，胶管、缆线有无破损，绑扎是否牢固可靠。

（10）检查发动机表面是否整洁干净，废气处理箱是否干净、防爆栅栏是否堵塞。

（11）检查座椅、安全带、各开关按钮、仪表、照明信号灯、倒车语音装置、倒车影像、定位及通信系统等附属设施是否完好可靠。

（12）检查灭火器（含自动灭火装置）、三角架、阻车器是否完好齐全。

（13）检查车辆其他各部位有无异常情况。

2.6.2.2 启动

驾驶员在检查车辆完好并确认周围无人员后，进入驾驶室系好安全带，方可进行启动操作。

(1) 启动时，应先打开气路总开关，查看气包压力表数值在0.4~0.8 MPa，然后打开自检开关，等待车辆保护系统自检完毕。

(2) 确保车辆选挡杆在空挡位置，方向操纵手柄和液压操纵杆放在中位，手制动操纵杆放在制动位置，油门踏板踏下一半，按下启动按钮至启动，启动后随即松开启动按钮，检查启动按钮是否回位，柴油机正常运转。

(3) 每次启动时间不得超过5 s，启动间隔时间为2 min，若连续3次启动失败，应检查并找出故障原因，排除后方可启动。

2.6.2.3 行车前

行车前的检查：

(1) 检查油管、水管、波纹管是否有渗漏现象；

(2) 检查变速箱油面是否在油面指示线处；

(3) 检查发动机油压表，若机油油压低于0.098 MPa时，应停机排查故障原因；

(4) 检查灯光、喇叭等是否完好；

(5) 柴油机启动后应怠速预热2~3 (或50 ℃) min后，发动机低速、中速运转声音正常后方可行驶，机油压力0.2~0.5 MPa，前、后制动压力8.6~10.3 MPa，变矩器压力1.1~1.5 MPa，气压0.4~0.8 MPa。

(6) 车辆启动后应提升大小臂，检查大小臂动作是否灵活可靠；

(7) 检查车辆顶棚油缸有无自卸、闭锁装置是否完好;

(8) 检查方向机转向间隙是否超标，转向系统是否正常;

(9) 检查断气阀是否完好可靠，定期检查断油阀完好可靠;

(10) 检查车辆各类保护系统是否正常、尾气排放是否达标。

2.6.2.4 车辆行驶及停车

车辆行驶及停车操作如下。

(1) 车辆起步。起步前将大臂及铲斗收起至运输位置（铲斗离地300~400 mm)，释放停车制动闸，鸣笛3次，然后将换挡杆置入Ⅰ挡，将选挡杆置入前进或倒退，缓慢踩踏油门，车辆即能起步行驶，严禁高挡位倒车。

(2) 车辆制动。为确保行车安全，在车辆起步后应试踩制动踏板和试拉手制动手柄，检查制动效能是否良好，行驶中制动时应缓慢踩下制动踏板。

(3) 车辆换挡。为了减少机器的磨损和动力中断，要尽量避免不必要的换挡。在装卸作业或在陡坡、弯急的恶劣条件下行驶时，应选用Ⅰ挡速度。换挡时必须将发动机转速降到1000 r/min左右，达到换挡平稳。变换前进、后退方向时，也应将发动机转速降至1000 r/min左右踩刹车，并在车停后进行换向，否则变速箱齿轮会受到剧烈的冲击力。换挡时，要注意观察离合器压力表所示压力是否正常。

(4) 车辆转向。在转大弯时，必须使用低速挡（Ⅰ挡)，同时发动机转速不能过分减低。

(5) 临时停车:

1) 需要临时停车时，应先打开警示灯（或便携式防爆警示灯)，松开油门踏板，踩下制动器踏板，待车辆停稳后，将方向操纵杆拉到中间位置，推动大小臂操纵杆，使铲斗缓慢落地，操纵手柄放在中间位置，确认气压在0.7~0.8 MPa。拉起停车制动阀手柄，拉动熄火拉线熄火，安放阻车器，在车辆前后30 m设警示牌（三角架或锥桶）。

2）临时停车须在不影响井下交通和安全的条件下，停放点为巷道宽敞、顶板支护良好、底板完好、无淋水、无积水、无片帮、不易发生碰撞的位置，尽量避免停放在有车辆经过的巷道。

3）车辆严禁在CO传感器上风侧规定范围内停放或会车，在CO传感器附近工作时，必须要向通风部门报备。

（6）紧急停车。在脚制动失效无法停车的情况下，可以使用手制动器和铲斗辅助制动，并尽量将车辆驶向紧急避险道或采取其他紧急避险措施。

（7）运行过程中的要求：

1）车辆行驶过程中，注意观察仪表指示是否正常。柴油机水温应保持在80~98 ℃，变矩器油温70~90 ℃的范围内。

2）行驶过程中应注意车辆各部位工作状况，若发现异响，应及时检查和排除。

3）在井下巷道中行驶时，车速应保持在20 km/h以内，严禁超速行驶。

4）坡道行车时严禁换挡，下坡须Ⅰ挡行驶，不允许熄火或换入空挡滑行，并通过间断踩制动踏板使下坡速度不致过快。

5）在连续坡道缓冲平台，应将车辆速度降为零，重新提速行驶。

6）需倒车时，应待车辆完全停止后，打开倒车语音并确认周围环境安全后，以缓慢速度倒车。

7）若井下巷道中积水深度超过500 mm时，不许涉水通过。

（8）装载作业：

1）作业现场必须设置警戒，并要设置专人指挥，严禁非作业人员进入。

2）进入作业现场，必须检查作业现场的气体及周围管线情况。

3）操作多路换向阀右侧大臂操纵杆，控制大臂的升降，从而控制铲斗的升降。

4）操作多路换向阀左侧小臂操纵杆，控制铲斗的翻转。

5）铲装物料时应尽量放平铲斗从正面平稳铲入，防止铲斗单边受力，如推进阻力过大，可稍稍提升铲臂。

6）铲运货物时，操作人员要密切关注各机构有无泄压、回落情况。如有异常，立即停止作业进行检修。

7）铲斗满载运送时，铲斗应保持在低位。

8）向运输车辆上卸料时应缓慢，铲斗应处在合适的高度，前翻和回位不得碰撞车厢，以减轻对车厢的冲击。

收车操作：

（1）收车时驾驶员应将车辆停放指定位置处，并将铲斗缓慢放到地面。

（2）熄火前将气压打至0.7～0.8 MPa，怠速运转2～3 min后熄火，关闭保护开关、锁止手制动阀及启动按钮。

（3）驾驶员在下车后关闭气路总开关，安放阻车器。

（4）收车后，驾驶员须绕车一周检查车辆有无漏水、漏油、润滑油缺少等现象。

（5）收车后及时清洗排气栅栏和废气处理箱。

2.6.3　安全注意事项

安全注意事项：

（1）严禁故障车辆带病运行。

（2）使用脚踏制动时，不允许长时间使用半离合制动，防止制动摩擦片过热。

（3）严禁运行中猛踩油门。

（4）严禁在补水箱缺水情况下作业。

（5）严禁驾驶员酒后驾驶车辆。

（6）严禁驾驶员将车辆交他人驾驶。

（7）车辆每次启动时间不得超过 5 s。每次启动失败后，应间隔 2 min 再启动，3 次启动失败，应查找原因。

（8）严禁 I 挡以上起步，避免冲击载荷造成零件损坏和柴油机熄火。

（9）行驶中，严禁驾驶员身躯各个部位及随身工具露出驾驶室外侧。

（10）车辆行驶中严禁油门踏板和制动踏板同时踩动。

（11）车辆作业区域严禁非作业人员进入，车辆运行过程严格执行“行人不行车，行车不行人”制度。在狭窄巷道（无躲避硐室）遇到人员时，车辆须停车熄火，待人员通过后方可行车。

（12）车辆在运行期间，危险标识的位置前不允许有人员活动。

（13）车辆在经过湿滑路段时，应减速慢行。

（14）车辆必须按照风量核定准入数量驶入，严禁超数量集中作业。

（15）车辆严禁甩保护运行。

（16）严禁发动机水箱高温情况下开盖。

（17）装载机运行过程中，尽量避免将铲斗举升过高，驾驶员要密切关注巷道高度，确保车辆顺利通过，严禁拆除防护顶棚作业。

（18）严禁用装载机铲斗代替升降车举升人员、严禁用装载机铲斗代替材料车远距离运输物料。

（19）严禁超过额定承受能力装载物料。

（20）严禁用装载机撞击作业。

（21）严禁用装载机作为动力拖拽其他物品。

（22）严禁停车不落铲斗、不熄火。

（23）车辆必须在熄火后方可加油、加水。

（24）严禁未减速直接减挡行驶。

（25）按照规定定期对储气罐进行排放水工作。

（26）按照规定定期检查储气罐安全阀是否工作正常，若安全阀损坏须立即更换。

（27）每周吹一次空滤滤芯、每季度清洗一次进气栅栏。

（28）冬季车辆必须停放在环境温度符合车辆要求的地方，否则应将车辆的水放尽，并尽量采取保温措施，防止管路及水箱损坏。

2.6.4 车辆应急处理

驾驶人员须熟练掌握《辅助运输车辆应急手册》相关规定。在出现情况时，驾驶员须按照以下规定进行应急处置：

（1）脚制动失灵。驾驶员必须沉着冷静，根据路况和车速控制好方向。

1）下坡发生刹车失灵时，立即锁止手制动停车，如手制动不能停车，将前进挡位直接切换到倒车挡位并加大油门使车辆减速，不能利用车辆本身的机构控制车速或找不到合适的物体降低车速时，驾驶员在保证人员安全的前提下，就近驶入避险硐或利用车体一侧等刚性部位，尽量向无电缆、水管一侧煤壁或岩壁靠拢，以摩擦、碰撞来增加阻力，达到强行停车脱险的目的，尽可能地减少事故损失。

2）上坡时出现刹车失灵，应适时减入低速挡，保持足够的动力，待车辆行驶到坡顶平稳路段时，利用手制动停车。如需半坡停车，应保持前进低挡位，拉紧手制动，如有后滑现象，车尾应朝向煤壁、岩壁或安全一面，打开信号灯、鸣喇叭、晃矿灯等手段提示引起后方车辆的注意。

（2）方向失灵。驾驶员必须沉着冷静，点刹脚制动使车辆停止。在采取上述措施的同时，还应对巷道内行驶的其他车辆及行人发出警告信号，如打开信号灯、鸣喇叭、晃矿灯等手段提示避让。在车辆停止后，前后30 m摆放安全警示牌，通知维修人员维修。

（3）照明灯熄灭。驾驶员应沉着冷静，双手紧握方向盘，控制好车辆方向，立即停车。打开矿灯查看周围环境后，尽量将车辆缓慢移动到不影响井下交通和安全的地点，安放阻车器、设置警示牌（三角架或锥桶），通知维修人员进行维修。

（4）漏水、漏油、异响。尽量将车辆移动到不影响井下交通和安全的地点，安放阻车器，在车辆前后及洒漏油污路段前后设置警示牌（三角架或锥桶），提醒过往车辆减速慢行，并汇报调度清理路面油污及维修车辆。

（5）发动机“飞车”故障。立刻关闭断气、断油阀将发动机熄火，拉起驻车手柄。车辆强制熄火后，驾驶员不得随意再次启动车辆，应上好阻车器设好警示牌，立即汇报矿调度室和车队值班室，在原地等待救援。

(6) 突发着火。立即停车熄火断电，佩戴自救器，在保证人身安全的前提下，采取合适的方式灭火，当火势无法控制时，立即弃车撤离并汇报调度室救援。

(7) 误入深水处。如判断或实测可以通过，挡位选入低挡，稳定油门匀速通过积水路段。如车辆在水中熄火，切不可重新启动车辆，人员立即撤到安全位置并及时汇报救援。

(8) 车辆碰撞。当车辆出现碰撞类事故时，如车辆还能移动则要使车辆靠边停放，避免影响其他车辆通行或是造成二次事故发生。如无法将车辆靠边停放或驶入调车硐室，驾驶员必须在车辆前后 30 m 设置警示牌并对来往车辆晃灯示意。及时向调度室报告事故发生的类型（车辆故障或运输事故），是否有人员伤亡、故障原因的初步判断等相关信息，等待救援。

(9) 超核定数量进入巷道。立即靠边停车并熄火，等待其他车辆驶出满足准入数量后，方可启动车辆运行。

(10) 误入低氧区。随身仪器发出报警时，驾驶员应立即驾驶车辆驶离低氧区，在动力不足时应熄火，人员优先撤出汇报。在入口处设置警示牌（三角架或锥桶），提醒后方车辆、人员禁止进入，及时向调度室报告。

(11) 误入有毒有害气体超标区域。随身仪器报警有害气体超标，车辆保护未自动断电时，应立即熄火撤人汇报；保护自动断电后，严禁二次启动，立即撤出人员。

(12) 车辆突发熄火。驾驶员必须沉着冷静，握紧方向盘，尽量将车辆滑行到巷道边侧，点刹行车制动（液压制动），使车辆缓慢停下，车辆停稳后锁止手制动，打开警示灯（便携式警示灯），操作多路阀将铲斗落地，安放阻车器，排查故障原因，确认没有安全问题后方可二次启动车辆。仍无法排除故障时，应设置警示牌，通知维修人员进行维修。

2.7　锚杆支护工岗位操作流程

2.7.1　岗位任职资格

锚杆支护工必须经专门培训、考试合格后，取得本岗位操作资格证，持证上岗。

2.7.2　支护工艺流程

支护工艺流程：截割后敲帮问顶→上金属网、机载临时支护顶板（掘锚机除外）→打、注顶部锚杆支护顶板、支护两帮→撤机载临时支护（掘锚机除外）→进掘进机→进入下一个支护循环→支护完毕后截割出煤下一个循环。

2.7.3　锚杆支护操作流程

2.7.3.1　接班时

接班时必须做到：

（1）必须佩戴齐全完备的劳动防护用品；

（2）了解上一班工作、设备工具运转、巷道围岩变化等情况及遗留的安全隐患；

(3) 工程质量、进度是否符合规程要求。

2.7.3.2 工作前

工作前必须做到:

(1) 由外向里依次检查巷道的永久支护、临时支护和各种安全设施,发现不符合作业规程要求的,必须先进行处理。

(2) 严格执行敲帮问顶制度,找净顶帮的活矸、危岩。

(3) 检查施工地点通风、粉尘情况,检查有害气体浓度是否超出规定。

(4) 检查设备完好情况:

1) 各种工具、材料,保证质量可靠,数量满足要求,量具校核准确;

2) 风水管是否完好,有无漏风、漏水现象,各种风水管路连接是否牢固,风水压是否合适。

(5) 试运转检查:

1) 检查所用设备机具各部位及管路连接是否可靠,风量、水量是否符合要求,空运转检查是否正常。

2) 试运转各项指标正常后方可正常作业。

2.7.3.3 工作中

工作中必须做到:

(1) 打眼校正中线,按作业规程中巷道断面支护图的要求,确定眼位,并做出标记。

(2) 打眼应按规定眼位、方向、角度、深度进行。

(3) 打眼时,应先开水后开风。打完眼后,应先关风后关水。打眼过程中给水要均匀适当,防止水量过大或过小。

(4) 打眼过程中,要经常检查风、水管的连接头是否牢固,如接头不牢，应停钻处理。

（5）打眼时，打眼机具、钻杆与打眼方向要保持一致，推力要均匀适当，以防断钻杆、夹钻杆。

（6）钻头与钻杆的连接要牢固，发现钻杆头合金片脱落时，必须及时更换。

（7）打眼扶钻的人员，要躲开眼口方向，站在钻机侧面，两腿前后错开，脚蹬实底。严禁在打眼机具前及钻杆下面站人，防止断钻杆伤人。

（8）登高作业打眼时，必须搭设牢固的工作台，并系牢安全带，高挂低用。

（9）在打眼过程中，如发现岩（煤）层出水、瓦斯涌出等异常现象时，要停止打眼工作，并及时汇报。

（10）集中精力，注意观察钻进情况及气腿进风量，钻杆要保持平、稳、直。

2.7.3.4　完工后

完工后必须做到：

（1）检查工程质量，处理现场存在的安全隐患；

（2）关闭风、水阀门，设备停电闭锁；

（3）整理有关设备，材料和工具排放整齐；

（4）清理现场，做好交接班准备。

2.7.3.5　交班时

交班时必须做到：

（1）交班前把本班的工作进度、施工质量、设备运转、隐患处理、巷道围岩变化等情况与接班人员交接清楚；

（2）协助接班人现场检查，发现问题立即处理。

2.7.3.6 上岗须知

岗位必知知识：

（1）上岗前必须经过专门培训并考试合格，取得本工种岗位操作资格证书，持证上岗。

（2）必须掌握作业规程中规定的巷道断面、支护形式和支护技术参数和质量标准等，熟知九图一表内容。

（3）熟练使用作业工具，并能进行检查和保养。

（4）打眼时服装做到“三紧”“两不要”，即袖口、领口、衣角紧；不要戴手套，不要把毛巾露在衣领外，防护用品佩戴齐全。

（5）施工机具：运转灵活，不漏油、漏风、漏水，无变形，零部件齐全，紧固有效。

2.7.3.7 锚杆支护施工流程

锚杆支护施工流程为：放线测量→钻机就位→调整角度→钻孔至设计深度→压力风冲洗眼孔→送入树脂药卷及锚杆→搅拌、凝固→安装托盘、紧固螺母。

锚杆钻机操作流程如图2-18所示。

2.7.4 安全注意事项

安全注意事项：

（1）施工过程中注意顶帮的变化，及时敲帮问顶和处理危矸。

（2）敲帮问顶必须由工班长或安全负责人带领1名工人，两人进行，一人观察，一人找顶。找顶人应站在安全地点，观察人应站在找顶人的侧后面，并保证退路畅通。

（3）敲帮问顶必须从支护完好的地点开始，按照先顶、后帮、再迎头的顺序，由外向里、逐段进行。

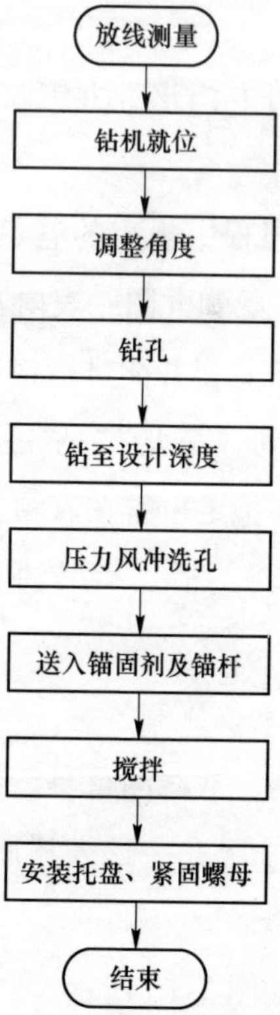

图 2-18　锚杆钻机操作流程

（4）敲帮问顶必须使用专用长柄工具，找顶时，防止煤矸顺杆滑下伤人。

（5）施工过程中必须坚持经常性地敲帮问顶。

（6）顶帮遇有大块断裂煤矸或煤矸离层时，应首先设置临时支护，保证安全后再顺着裂隙、层理慢慢地找下，不得硬刨强挖。

（7）锚杆支护时严禁空顶作业。

（8）工作面有突水、冲击地压、冒顶及有害气体涌出等异常现象时，必须停止作业，撤出人员，并及时汇报。

(9) 必须熟悉现场作业环境、地质条件，熟悉施工现场的避灾路线。

(10) 必须熟知冒顶前的征兆：顶板发出声响、顶板掉渣、煤壁片帮、顶板出现裂缝、顶板脱层、直接顶漏顶。

(11) 不符合作业规程规定的支护材料严禁使用。

3 掘进工种必知必会

3.1 掘进专业

本节为掘进专业人员必知必会事项。

第一条 每个职工都必须参加班前会，预知本班作业场所存在的危险因素及防范措施，了解近期国内、本矿的典型事故案例，吸取教训。了解本班的生产任务、质量要求和分工。

第二条 工作面冒顶“六预兆”：响声、掉渣、片帮、裂缝、脱层、漏顶。

第三条 井下休息时，要选择通风良好的安全地方，防止冒顶、片帮或过往车辆伤害，严禁进入盲巷和采空区。

第四条 掘进工作面到永久支护之间必须使用机载临时支护，严禁空顶作业。

第五条 锚杆支护工操作顺序：敲帮问顶，临时支护，打锚杆孔，安装锚杆。

第六条 执行敲帮问顶制度时，应从有完好支护的地点开始，由外向里，先顶部后两帮，依次进行，找顶范围内严禁其他人员进入。

第七条 锚杆安装时，螺母预紧力矩一般为 300 N · m，直径 22 mm 锚索安装时，张拉预紧力一般为 200 kN。

第八条 锚杆安装质量检查内容包括：间排距、角度、外露长度、预紧力及托盘安装质量。

第九条 《安全生产标准化》要求锚杆、锚索预应力、拉拔力不小于设计值的90%。

第十条 《安全生产标准化》要求锚杆露出螺母长度10～50 mm（全螺纹锚杆10～100 mm）。

第十一条 《安全生产标准化》要求材料、设备采用机械运输，人工运料距离不超过300 m。

第十二条 锚杆支护巷道必须配备锚杆检测工具，锚杆安装后，对每根锚杆进行预紧力检测，不合格的锚杆必须立即上紧。

第十三条 运用支护手段并充分利用巷道围岩的原岩体，共同发挥其支撑巷道的作用，人们通常称这种支护方式为主动支护。

第十四条 安装锚杆在锚固剂固化前，严禁锚杆杆体位移或晃动锚杆。

第十五条 锚杆支护巷道距掘进工作面200 m以内，必须备有5～10架备用棚及相应的支护材料，以备改变支护方式和抢险之需。

第十六条 根据顶、底板岩层与煤层相对的位置、垮落性能和强度等特征的不同，从上至下顶板可划分为基本顶、直接顶、伪顶。

第十七条 新掘巷道开口地点应选择在顶板稳定，支护完好的地点。

第十八条 掘进工作中，要保证巷道断面的规格、尺寸、巷道的坡度、方向符合设计的要求，必须按巷道的中心线、腰线进行施工。

第十九条　煤巷、半煤岩巷必须按规程要求安装顶板离层仪，其初始读数应设为 5 mm，并定人、定岗、定时进行观测、记录。

第二十条　使用掘进机、掘锚一体机掘进作业时，应当使用内、外喷雾装置，内喷雾装置的工作压力不得小于 2 MPa，外喷雾装置的工作压力不得小于 4 MPa。

第二十一条　使用掘进机、掘锚一体机掘进时，在设备非操作侧，必须装有紧急停转按钮。

第二十二条　班中需要更换掘进机截齿或进行检修时必须断开掘进机电气控制回路，断开隔离开关，切断供电电源。

第二十三条　启动掘进机截割电机时，在确认铲板前方和截割臂附近无人时，方可启动。采用遥控操作时，司机必须位于安全位置。开机、退机、调机时，必须发出报警信号。

第二十四条　掘进机停止工作和检修及交接班时，必须断开掘进机上的电源开关和磁力启动器的隔离开关。

第二十五条　截割部运行时，严禁人员在截割臂下停留和穿越，机身与煤（岩）壁之间严禁站人。

第二十六条　锚杆钻车作业时必须有防护操作台，支护作业时必须将临时支护顶棚升至顶板。非操作人员严禁在锚杆钻车周围停留或者作业。

第二十七条　开动掘进机前必须先发出警报，只有人铲板前方和截割臂附近无人时，方可开动掘进机。

第二十八条　打钻时，如钻孔内水的压力突然增大，应立即停止钻进，但不得拔出钻杆。

第二十九条　打眼要做到“三紧两不要”，即袖口紧、衣角紧、领口紧，不要戴布线手套，不要把毛巾露出衣领外。

第三十条 检查钻机和软管接头是否使用合格的U形销可靠连接，不得使用铁丝等其他物品代替U形销。开风水阀门前必须要派专人检查管路各接口连接是否严实，防止高压风水从管路接口喷出伤及现场人员。

第三十一条 煤巷、半煤岩巷采用锚杆支护时，必须进行顶板离层监测。

第三十二条 最大控顶距与最小控顶距之差是放顶步距。

第三十三条 搅拌锚杆（锚索）时，钻机操作者要控制好钻机的推进速度，以防推进速度过快，造成锚杆（锚索）脱落或锚索弯曲失控伤人。

第三十四条 帮金属锚杆 $\phi18\times1800$ mm，锚固力不小于100 kN；帮玻璃钢 $\phi18\times1800$ mm，锚杆锚固力不小于60 kN；玻璃钢锚杆扭矩力不小于40 N·m。

第三十五条 管路安装要求：采用螺纹钢加工的管路钩进行吊挂管路，固定点距离毛底板2200 mm（±100 mm），悬吊点间距为3000 mm（±150 mm）。管路敷设应与巷道坡度一致，同一坡度内管路必须平直。

3.2 机电专业

本节为机电专业人员必知必会事项。

第三十六条 井下不得带电检修、搬迁电气设备。

第三十七条 井下供电“三无”是指：无鸡爪子、无羊尾巴、无明接头。

第三十八条　操作高压电气设备的人员，应戴绝缘手套，穿电工绝缘靴或站在绝缘台上。

第三十九条　机电设备检修十字方针：紧固、润滑、冷却、过滤、监测。

第四十条　井下供电“两齐”：电缆悬挂整齐，设备硐室清洁整齐。

第四十一条　机电设备完好的“五不漏”：不漏油、不漏风、不漏水、不漏电、不漏气。

第四十二条　信号线和通信电缆与动力电缆敷设在巷道同一侧时，应敷设在动力电缆上方0.1 m以上的地方。

第四十三条　供电线路常见的三种故障：短路、断路、漏电。

第四十四条　带电移动的设备电缆应当有防拔脱装置。电缆必须连接牢固、可靠，电缆收放装置必须完好。操作电缆卷筒时，人员不得骑跨或者踩踏电缆。

第四十五条　当发现有人触电时，首先要切断电源或用绝缘材料将带电体与触电者分离开。

第四十六条　皮带输送机“八大保护装置”：堆煤传感器、温度传感器、速度传感器、跑偏传感器、烟雾传感器、双向急停开关，撕裂传感器，超温自动洒水。

第四十七条　井下照明和信号装置，应采用具有短路、过载和漏电保护的照明信号综合保护装置配电。

第四十八条　井下低压配电点或装有3台以上电气设备的地点应装设局部接地极。

第四十九条　井下巷道中，电缆与压风管、供水管在巷道同一侧敷设时，必须设在管子上方，并保持0.3 m以上的距离。

第五十条 电缆吊挂在巷道人行道帮（煤柱帮），距顶板300 mm用专用电缆钩进行吊挂。

3.3 运输专业

本节为运输专业人员必知必会事项。

第五十一条 采用无轨胶轮车运输的矿井人行道宽度不足1 m时，必须制定专项安全技术措施，严格执行“行人不行车，行车不行人”的规定。

第五十二条 现场冲尘等施工作业时，应在巷道入口设置醒目的“正在施工、禁止车辆通行”警示牌板，禁止车辆通行。

第五十三条 副斜井同向行驶车辆安全运行间距不得低于100 m，井下辅运大巷及其他运输平巷同向行驶车辆安全运行间距不得低于50 m。

第五十四条 车辆转弯、过风门、通过作业点、交叉口等地点时，应减速、鸣笛及灯光示警，确认施工点人员躲避到安全地点后，方可慢速通过。

第五十五条 车辆起步前、倒车时检查周围情况，确认安全后必须鸣笛示警，方可开动。井下行车相距100 m开始变光减速，相距20 m时让行车辆必须靠边停车并关闭大灯等待对面车辆通过后方可通行。

第五十六条 上、下车人员应等车辆停稳后，方可上、下车，严禁车未停稳上、下车，车辆运行中严禁打闸、扒车、跳车。

第五十七条 人员上车时，必须服从安监员的指挥，上车时必须从车辆后侧进入，严禁绕过车辆上车或通过其他护栏门、其他地点上车。

第五十八条　车辆综合保护包括排气温度、表面温度、冷却水温度、机油压力、废气处理箱水位、瓦斯浓度。

第五十九条　车辆辅运大巷正常行驶速度不得超过 25 km/h，副斜井正常行驶速度不得超过 20 km/h。

第六十条　井下巷道积水深度超过 300 mm 时，车辆不得冒险涉水通过。

3.4　通 防 专 业

本节为通防专业人员必知必会事项。

第六十一条　采掘工作面进风流中，氧气浓度不得低于 20%，二氧化碳浓度不超过 0.5%。

第六十二条　局部通风机“三专两闭锁”：专用开关、专用电缆、专用变压器、风电闭锁和瓦斯电闭锁。

第六十三条　风筒末端距掘进迎头距离：煤巷不大于 10 m，岩巷不大于 15 m。

第六十四条　瓦斯爆炸的三个条件：瓦斯浓度在 5% ~16% 爆炸范围内，引爆火源温度在 650 ~750 ℃，空气中的氧气浓度大于 12%。

第六十五条　临时停工的地点不得停风，否则要做到切断电源、设置栅栏、揭示警标、禁止人员进入，并向矿调度室汇报。

第六十六条　井下发生瓦斯、煤尘爆炸，通风系统仍能保持进回风和排除有害气体，靠近风侧的人要逆着风流迅速外撤。

第六十七条　掘进工作面当瓦斯浓度达到 1.5% 时应立即停止工作、撤出人员、切断电源。

第六十八条 盲巷：凡是长度超过6 m，不通风或通风不良的独头巷道都称为盲巷。

第六十九条 掘进工作面甲烷传感器安装在距工作面5 m内，无风筒的一侧，垂直悬挂，距顶板或顶梁不大于300 mm，距巷道侧壁不小于200 mm。

第七十条 巷道贯通前应当制定贯通专项措施：综合机械化掘进巷道在相距50 m前、其他巷道在相距20 m前，必须停止一个工作面作业，做好调整通风系统的准备工作。

第七十一条 在揭露老空区时，必须将人员撤至安全地点。只有经过检查，证明老空区内的水、瓦斯和其他有害气体等无危险后，方可恢复工作。

第七十二条 根据矿井瓦斯相对和绝对涌出量及涌出形式，可将矿井瓦斯的等级划分为低瓦斯矿井、高瓦斯矿井、煤（岩）与瓦斯（二氧化碳）突出矿井。

第七十三条 在煤矿井下，瓦斯容易局部积聚的地方有掘进上山迎头、工作面上隅角。

第七十四条 掘进工作面综合防尘措施：湿式打眼、装矸（煤）洒水、冲洗岩帮、净化水幕、个体防护。

第七十五条 通过风门时，一定要注意随手把风门关好，不准同时打开相邻的两道风门，以免造成风流短路。

第七十六条 煤矿引燃（引爆）瓦斯的火源有井下煤层自然发火点、明火、电气火花、电弧或有炽热表面的物体、放炮火焰、摩擦火花、撞击火花等。

第七十七条 掘进中的煤及半煤岩巷最低允许风速为0.25 m/s。

第七十八条　掘进中的岩巷最低允许风速为 0. 15 m/s。

第七十九条　无计划临时停风，必须立即停电撤人，向矿调度室报告，并在独头巷道入口不超过 3 m 处挂明显警标，由专人（在本巷道作业的安全负责人）在巷道口的新鲜风流中看守，严禁人员入内。

3.5　地测专业

本节为地测专业人员必知必会事项。

第八十条　井下透水“七预兆”：煤壁发潮、挂汗，气温降低，顶板淋水加大或底板鼓起，出现压力水线、水叫，有害气体增加。

第八十一条　水灾防治的十六字原则：预测预报、有疑必探、先探后掘、先治后采。

第八十二条　掘进工作面或其他地点遇到有突水预兆时，必须采取措施，停止作业，立即报告调度室，发出警报，撤出所有受水威胁地点的人员。

第八十三条　在探放水钻进时，发现煤岩松软、片帮、来压或者钻孔中水压、水量突然增大和顶钻等突（透）水征兆时，应当立即停止钻进，但不得拔出钻杆。

第八十四条　老空水含铁质变成红色，酸度大，水味发涩。

3.6　起吊管理

本节为起吊管理人员必知必会事项。

第八十五条　起吊作业前应认真检查工作现场及周围环境情

况，清理影响起吊的物件，确保顶板完好、两帮无垮落迹象、通风良好。

第八十六条 作业前由专人检查手拉（风动）葫芦、起吊索具等状况，确保起重链条及手链无变形、运转灵活，护罩齐全紧固，自锁性能好，钩子完好，销轴牢靠，索具磨损断丝不超限等。

第八十七条 井下起吊应使用专用起吊索具，大型综机设备、水泵、电机等设备宜采用专用起吊链，电气等精密设备宜采用尼龙带，起吊高度较大时宜采用钢丝绳套。

第八十八条 起吊作业前，应预先在起吊现场设置安全警戒范围和警示标志，参加起吊的人员要明确自己的职责，掌握起吊物体形状、重量、重心位置，所用的起吊工器具种类及索具的承载能力等。

第八十九条 起吊过程要专人操作、专人监护，并明确施工负责人和安全责任人，起吊过程由施工负责人统一指挥，明确指挥信号。

第九十条 起吊重物时，严禁单人作业。起吊区域设专人警戒，人员严禁在起吊物体下方操作，起吊作业期间严禁人员进入起吊物体下方。

第九十一条 作业人员要加强自主保安意识，起吊前看好退路，以防坠物伤人。起吊中人员要站在实地上，2 m 以上高空作业时，作业人员要系好保险带，站在稳固的脚手架上。

第九十二条 起吊人员站位应避开一旦起吊索具或起吊工具失效导致起吊物件下落或摆动所到达的位置，以防起吊物伤人。斜巷起吊作业时，被吊物件的下山方向及两侧不得有人。

第九十三条 严禁人员随物件一起升降，起吊作业要一次完成，不得中途停止。起吊重物悬空停留时，手链栓必须固定牢靠，以防葫芦打滑物件突然落下。

3.7 应急救援

本节为应急救援人员必知必会事项。

第九十四条　矿工自救时，佩戴自救器，若感到吸入空气干燥灼热，则应该坚持使用，脱离危险区。

第九十五条　现场互救要遵守“三先三后”的原则，即对骨折伤员要做到先固定、后搬运；对窒息伤员要先复苏、后搬运；对出血伤员要先止血、后搬运。

第九十六条　现场急救触电人员流程：（1）立即切断电源；（2）做人工呼吸；（3）进行外心脏按压；（4）使用强心药；（5）处理伤口；（6）对于局部电击伤口、创口宜暴露，不宜包扎，并注射破伤风抗毒素。

第九十七条　人工呼吸的方法有：口对口人工呼吸、仰卧压胸人工呼吸、俯卧压背人工呼吸等。

第九十八条　佩戴自救器脱险时，应该均匀行走。

第九十九条　有一物体扎入人员的身体中，此时救助者应固定扎入的物体后送往医院。

第一百条　进行心脏复苏时，病人的正确体位应为仰卧位。

参 考 文 献

[1] 李胜勇. 掘进机载式临时支护装置在城郊煤矿的应用 [J]. 中国科技博览, 2013 (33): 1.

[2] 刘伟, 刘欣, 闫昆鹏. 济三煤矿 $73_{下}$ 掘进巷道支护技术研究 [J]. 内蒙古煤炭经济, 2019 (10): 32-33.

[3] 武传伟. 上覆村庄巷道掘进及支护技术应用研究 [J]. 煤矿现代化, 2022 (5): 105-109.

[4] 中国法制出版社. 煤矿安全规程 [M]. 北京: 中国法制出版社, 2016.

[5] 李旭涛, 徐鹏博, 邬迪. ZDY20000LK 型钻机研制及应用 [J]. 煤炭工程, 2023, 55 (3): 173-177.